中国古典家具

技艺全书·解析经典

金荣题

"十三五"国家重点图书　　总顾问：李　坚　刘泽祥　刘文金

2020年度国家出版基金资助项目　　总主编：周京南　朱志悦　杨　飞

国家出版基金项目

NATIONAL PUBLICATION FOUNDATION

中国古典家具技艺全书

（第二批）

解析经典②

坐具II（靠背椅、扶手椅）

第十二卷

（总三十卷）

主　编：周京南　卢海华　董　君

中国林业出版社

图书在版编目（CIP）数据

解析经典 . ② / 周京南等总主编 . –– 北京 : 中国林业出版社，2021.1
（中国古典家具技艺全书 . 第二批）

ISBN 978–7–5219–1014–8

Ⅰ . ①解… Ⅱ . ①周… Ⅲ . ①家具—介绍—中国—古代 Ⅳ . ① TS666.202

中国版本图书馆 CIP 数据核字 (2021) 第 023776 号

出 版 人：刘东黎

总 策 划：纪　亮

责任编辑：樊　菲

出　　版　中国林业出版社（100009 北京市西城区刘海胡同 7 号）
印　　刷　北京利丰雅高长城印刷有限公司
发　　行　中国林业出版社
电　　话　010 8314 3610
版　　次　2021 年 1 月第 1 版
印　　次　2021 年 1 月第 1 次
开　　本　889mm×1194mm，1/16
印　　张　18
字　　数　300 千字
图　　片　约 810 幅
定　　价　360.00 元

《中国古典家具技艺全书》（第二批）
总编撰委员会

总 顾 问：李 坚 刘泽祥 刘文金
总 主 编：周京南 朱志悦 杨 飞
书名题字：杨金荣

《中国古典家具技艺全书——解析经典②》

主 编：周京南 卢海华 董 君
编 委 成 员：方崇荣 蒋劲东 马海军 纪 智 徐荣桃
参与绘图人员：李 鹏 孙胜玉 温 泉 刘伯恺 李宇瀚
李 静 李总华

凡 例

一、本书中的木工匠作术语和家具构件名称主要依照
王世襄先生所著《明式家具研究》的附录一《名
词术语简释》，结合目前行业内通用的说法，力
求让读者能够认同。

二、本书分有多种图题，说明如下：

1. 整体外观为家具的推荐材质外观效果图。

2. 三视结构为家具的三个视角的剖视图。

3. 用材效果为家具的三种主要珍贵用材的展示效果图。

4. 结构爆炸为家具的零部件爆炸图。

5. 结构示意为家具的结构解析和标注图，按照构件的
部位或类型分类。

6. 细部效果和细部结构为对应的家具构件效果图和三
视图，其中细部结构中部分构件的俯视图或左视
图因较为简单，故省略。

三、本书中效果图和 CAD 图分别编号，以方便读者查找。

四、本书中每件家具的穿销、栽榫、楔钉等另加的榫卯只
绘出效果图，并未绘出 CAD 图，读者在实际使用中，
可以根据家具用材和尺寸自行决定此类榫卯的数量
和大小。

序 言

李 坚 中国工程院院士

讲到中国的古家具，可谓博大精深，灿若繁星。

从神秘庄严的商周青铜家具，到浪漫拙朴的秦汉大漆家具；从壮硕华美的大唐壸门结构，到精炼简雅的宋代框架结构；从秀丽俊逸的明式风格，到奢华繁复的清式风格，这一漫长而恢宏的演变过程，每一次改良，每一场突破，无不渗透着中国人的文化思想和审美观念，无不凝聚着中国人的汗水与智慧。

家具本是静物，却在中国人的手中活了起来。

木材，是中国古家具的主要材料。通过中国匠人的手，塑出家具的骨骼和形韵，更是其商品价值的重要载体。红木的珍稀世人多少知晓，紫檀、黄花梨、大红酸枝的尊贵和正统更是为人称道，若是再辅以金、骨、玉、瓷、珐琅、螺钿、宝石等珍贵的材料，其华美与金贵无须言表。

纹饰，是中国古家具的主要装饰。纹必有意，意必吉祥，这是中国传统工艺美术的一大特色。纹饰之于家具，不但起到点缀空间、构图美观的作用，还具有强化主题、烘托喜庆的功能。龙凤麒麟、喜鹊仙鹤、八仙八宝、梅兰竹菊，都寓意着美好和幸福，也是刻在中国人骨子里的信念和情结。

造型，是中国古家具的外化表现和功能诉求。流传下来的古家具实物在博物馆里，在藏家手中，在拍卖行里，向世人静静地展现着属于它那个时代的丰姿。即使是从未接触过古家具的人，大概也分得出桌椅几案，柜架床榻，这得益于中国家具的流传有序和中国人制器为用的传统。关于造型的研究更是理论深厚，体系众多，不一而足。

唯有技艺，是成就中国古家具的关键所在，当前并没有被系统地挖掘和梳理，尚处于失传和误传的边缘，显得格外落寞。技艺是连接匠人和器物的桥梁，刀削斧凿，木活生花，是熟练的手法，是自信的底气，也是"手随心驰，心从手思，心手相应"的炉火纯青之境界。但囿于中国传统各行各业间"以师带徒，口传心授"传承方式的局限，家具匠人们的技艺并没有被完整的记录下来，没有翔实的资料，也无标准可依托，这使得中国古典家具技艺在当今社会环境中很难被传播和继承。

此时，由中国林业出版社策划、编辑和出版的《中国古典家具技艺全书》可以说是应运而生，责无旁贷。全套书共三十卷，分三批出版，运用了当前最先进的技术手段，最生动的展现方式，对宋、明、清和现代中式的家具进行了一次系统的、全面的、大体量的收集和整理，通过对家具结构的拆解，家具部件的展示，家具工艺的挖掘，家具制作的考证，为世人揭开了古典家具技艺之美的面纱。图文资料的汇编、尺寸数据的测量、CAD和效果图的绘制以及对相关古籍的研究，以五年的时间铸就此套著作，匠人匠心，在家具和出版两个领域，都光芒四射。全书无疑是一次对古代家具文化的抢救性出版，是对古典家具行业"以师带徒，口传心授"的有益补充和锐意创新，为古典家具技艺的传承、弘扬和发展注入强劲鲜活的动力。

　　党的十八大以来，国家越发重视技艺，重视匠人，并鼓励"推动中华优秀传统文化创造性转化、创新性发展"，大力弘扬"精益求精的工匠精神"。《中国古典家具技艺全书》正是习近平总书记所强调的"坚定文化自信、把握时代脉搏、聆听时代声音，坚持与时代同步伐、以人民为中心、以精品奉献人民、用明德引领风尚"的具体体现和生动诠释。希望《中国古典家具技艺全书》能在全体作者、编辑和其他工作人员的严格把关下，成为家具文化的精品，成为世代流传的经典，不负重托，不辱使命。

2020 年 5 月

前 言

纪 亮 全书总策划

　　中国的古典家具，有着悠久的历史。传说上古之时，神农氏发明了床，有虞氏时出现了俎。商周时代，出现了曲几、屏风、衣架。汉魏以前，家具一般都形体较矮，属于低型家具。自南北朝开始，出现了垂足坐，于是凳、靠背椅等高足家具随之出现。隋唐五代时期，垂足坐的休憩方式逐渐普及，高低型家具并存。宋代以后，高型家具及垂足坐才完全代替了席地坐的生活方式。高型家具经过宋、元两朝的普及发展，到明代中期，已取得了很高的艺术成就，中国古典家具艺术进入成熟阶段，形成了被誉为具有高度艺术成就的"明式家具"。清代家具，承明余续，在造型特征上，骨架粗壮结实，方直造型多于明式曲线造型，题材生动且富于变化，装饰性强，整体大方而局部装饰精细入微。近20年来，古典家具发展迅猛，家具风格在明清家具的基础上不断传承和发展，并形成了独具中国特色的现代中式家具，亦有学者称之为"中式风格家具"。

　　中国的古典家具，经过唐宋的积淀，明清的飞跃，现代的传承，已成为"东方艺术的一颗明珠"。中国古典家具是我国传统造物文化的重要组成和载体，也深深影响着世界近现代的家具设计。国内外研究并出版以古典家具的历史文化、图录资料等内容的著作较多，然而从古典家具技艺的角度出发，挖掘整理的著作少之又少。技艺——是古典家具的精髓，是保护发展我国古典家具的核心所在。为了更好地传承和弘扬我国古典家具文化，全面系统地介绍我国古典家具的制作技艺，提高国家文化软实力，提升民族自信，实现古典家具创造性转化、创新性发展，中国林业出版社聚集行业之力组建《中国古典家具技艺全书》编写工作组。全书以制作技艺为线索，详细介绍了古典家具的结构、造型、制作、解析、鉴赏等内容，全书共30卷，分为榫卯构造、匠心营造、大成若缺、解析经典、美在久成这5个系列陆续出版，并通过数字化手段搭建中国古典家具技艺网和家具技艺APP等。全书力求通过准确的测量、绘制，挖掘、梳理家具技艺，向读者展示中国古典家具的线条美、结构美、造型美、雕刻美、装饰美、材质美。

《解析经典》为本套丛书的第四个系列，共分十卷。本系列以宋明两代绘画中的家具图像和故宫博物院典藏的古典家具实物为研究对象，因无法进行实物测绘，只能借助现代化的技术手段进行场景还原、三维建模、结构模拟等方式进行绘制，并结合专家审读和工匠实践来勘误矫正，最终形成了200余套来自宋、明、清的经典器形的珍贵图录，并按照坐具、承具、卧具、庋具、杂具等类别进行分类，分器形点评、CAD图示、用材效果、结构爆炸、部件示意、细部详解六个层次详细地解析了每件家具。这些丰富而翔实的资料将为我们研究和制作古典家具提供重要的学习和参考资料。本系列丛书中所选器形均为明清家具之经典器物，其中器物的原型几乎均为国之重器，弥足珍贵，故以"解析经典"命名。因家具数量较多、结构复杂，书中难免存在疏漏与错误，望广大读者批评指正，我们也将在再版时陆续修正。

　　最后，感谢国家新闻出版署将本项目列为"十三五"国家重点图书出版规划，感谢国家出版基金规划管理办公室对本项目的支持，感谢为全书的编撰而付出努力的每位匠人、专家、学者和绘图人员。

纪亮

2020 年 12 月

目　录

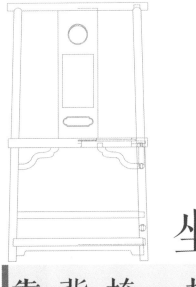

坐具 II

靠背椅、扶手椅

小灯挂椅

材质：黄花梨

丰款：明

整体外观（效果图1）

1. 器形点评

　　此椅搭脑为弧形弯材制作，两端出挑。搭脑两侧的靠背立柱与椅子的后腿一木连做，贯穿椅盘。靠背板为弯材制成，光素无饰。座面平直，座面之下安壶门券口牙板。足端安步步高管脚枨，其中正面的管脚枨枨面宽硕，实为踏脚枨。

2. CAD 图示

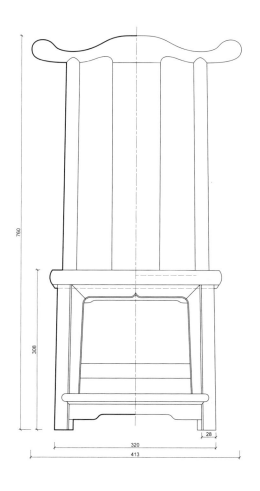

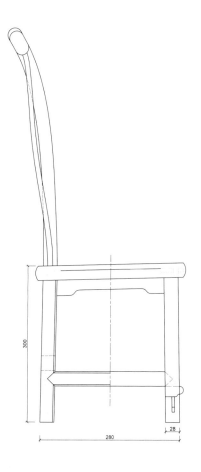

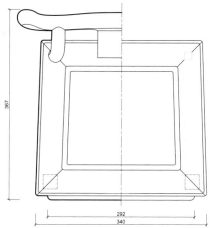

三视结构（CAD 图 1）

3. 用材效果

用材效果（材质：紫檀；效果图 2）

用材效果（材质：黄花梨；效果图 3）

用材效果（材质：红酸枝；效果图 4）

4. 结构爆炸

结构爆炸（效果图 5）

5. 部件示意

搭脑

靠背板

部件示意—搭脑和靠背（效果图 6）

大边（后）

面心

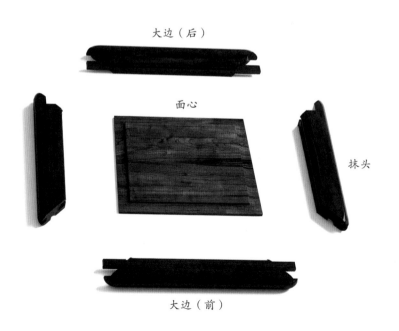

抹头

大边（前）

部件示意—座面（效果图 7）

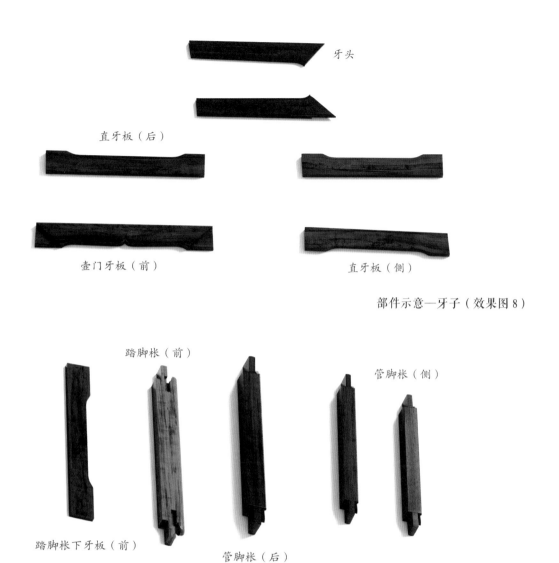

牙头

直牙板（后）

壶门牙板（前）

直牙板（侧）

部件示意—牙子（效果图8）

踏脚枨（前）

管脚枨（侧）

踏脚枨下牙板（前）

管脚枨（后）

部件示意—管脚枨和其下牙板（效果图9）

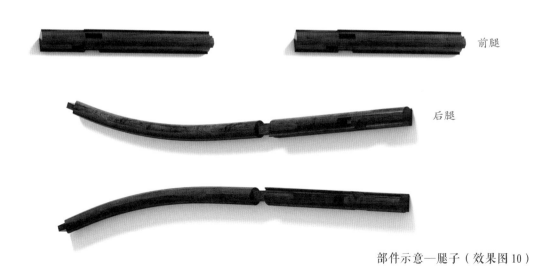

前腿

后腿

部件示意—腿子（效果图10）

6. 细部详解

细部效果—搭脑和靠背（效果图 11）

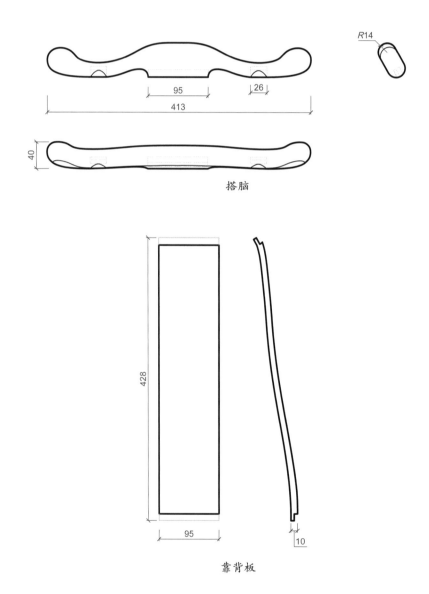

搭脑

靠背板

细部结构—搭脑和靠背（CAD 图 2 ～ 图 3）

细部效果—座面（效果图12）

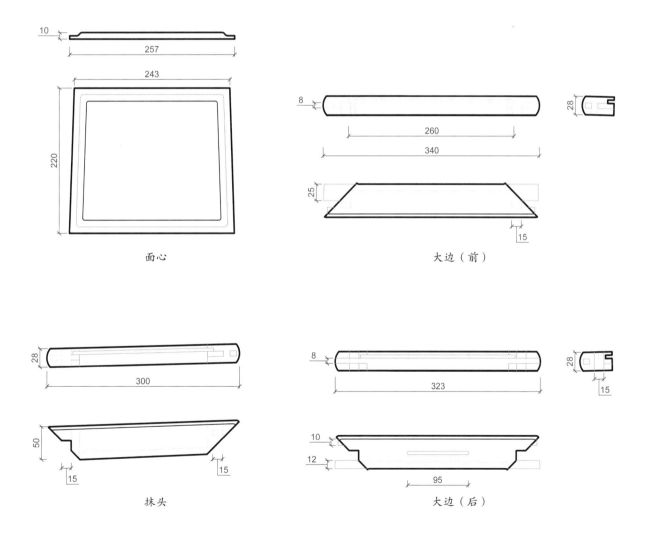

面心

大边（前）

抹头

大边（后）

细部结构—座面（CAD图4~图7）

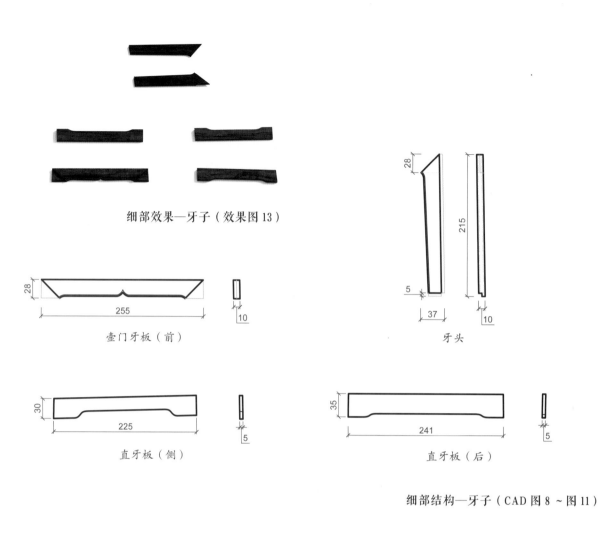

细部效果—牙子（效果图 13）

壶门牙板（前）

牙头

直牙板（侧）

直牙板（后）

细部结构—牙子（CAD 图 8 ~ 图 11）

管脚枨（侧）

踏脚枨下牙板（前）

管脚枨（后）

踏脚枨（前）

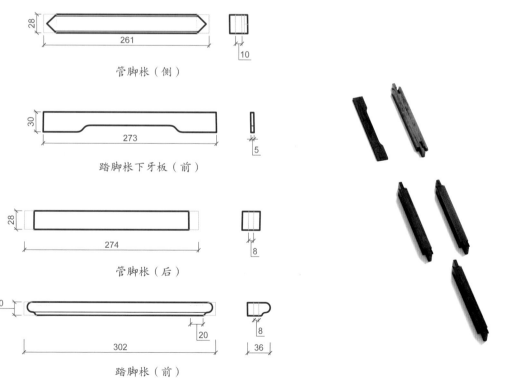

细部结构—管脚枨和其下牙板（CAD 图 12 ~ 图 15）　　细部效果—管脚枨和其下牙板（效果图 14）

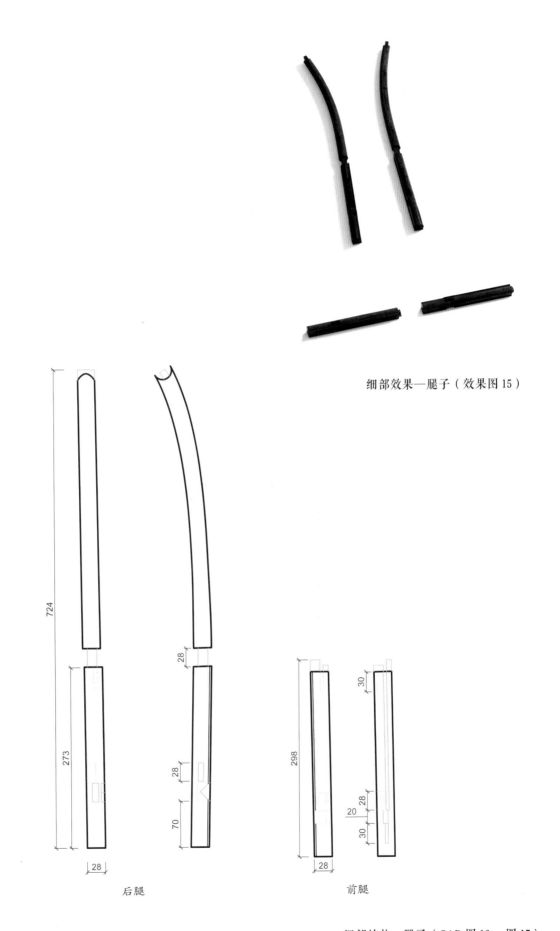

细部效果—腿子（效果图 15）

后腿

前腿

细部结构—腿子（CAD 图 16 ~ 图 17）

螭龙纹灯挂椅

材质：黄花梨

年款：明

整体外观（效果图1）

1.器形点评

此椅搭脑为圆材，搭脑两侧的立柱与后腿为一木连做，穿过椅盘直贯上下。靠背略呈S形，其板上开有如意云头开光和长方形开光，开光内浮雕螭龙纹。四腿上端紧贴椅盘的地方安有拱起的罗锅枨与边抹相接。四腿下端装管脚枨，在正面两腿管脚枨下方装有罗锅枨。此椅造型简洁明快，线脚优美流畅。

2. CAD 图示

雕花嵌板大样图   靠背开光大样图

主视图	左视图
俯视图	细节图

三视结构（CAD 图 1）

3.用材效果

用材效果（材质：紫檀；效果图2）

用材效果（材质：黄花梨；效果图3）

用材效果（材质：红酸枝；效果图4）

4. 结构爆炸

结构爆炸（效果图 5）

5. 部件示意

搭脑

雕花嵌板

靠背板

部件示意—搭脑和靠背（效果图 6）

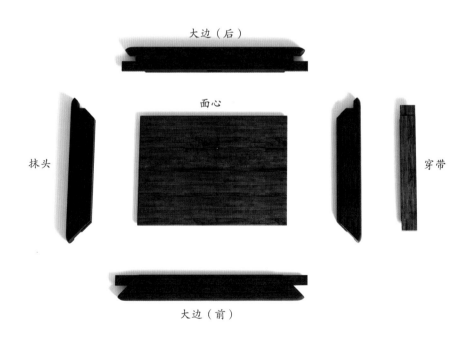

大边（后）

面心

抹头

穿带

大边（前）

部件示意—座面（效果图 7）

16

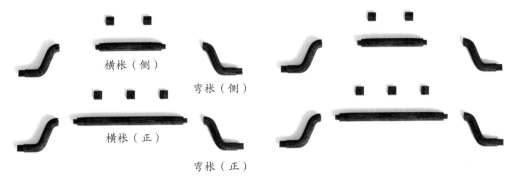

横枨（侧）　　弯枨（侧）

横枨（正）

弯枨（正）

部件示意—罗锅枨（效果图 8）

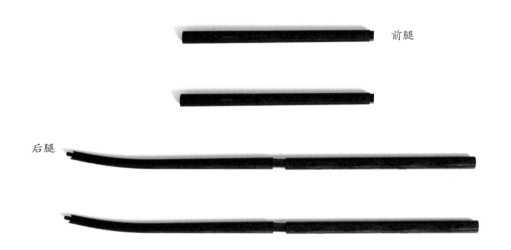

前腿

后腿

部件示意—腿子（效果图 9）

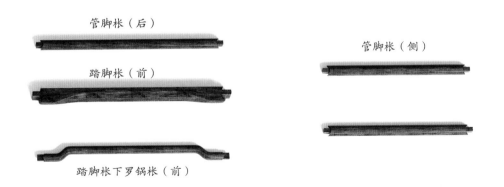

管脚枨（后）

管脚枨（侧）

踏脚枨（前）

踏脚枨下罗锅枨（前）

部件示意—管脚枨和其下罗锅枨（效果图 10）

6. 细部详解

细部效果—搭脑和靠背（效果图 11）

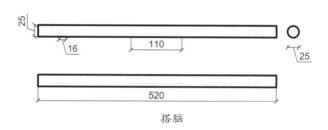

搭脑

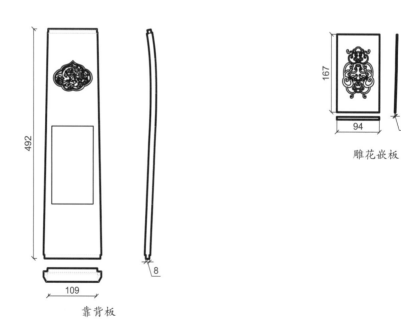

靠背板

雕花嵌板

细部结构—搭脑和靠背（CAD 图 2 ～ 图 4）

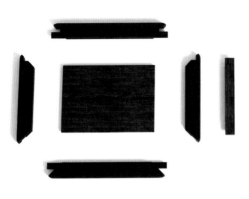

细部效果—座面（效果图 12）

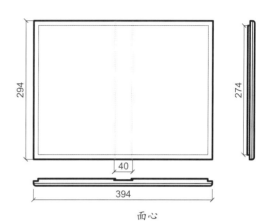

面心

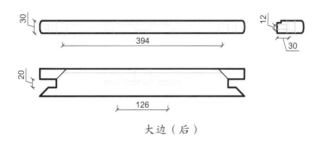

大边（后）

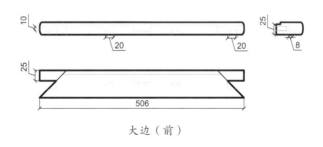

大边（前）

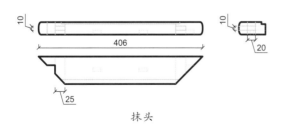

抹头

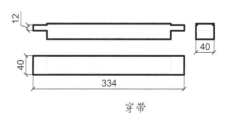

穿带

细部结构—座面（CAD 图 5 ~ 图 9）

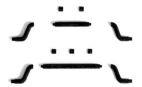 

细部效果—罗锅枨（效果图 13）

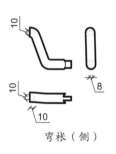

弯枨（侧）

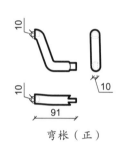

弯枨（正）

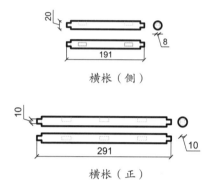

横枨（侧）

横枨（正）

细部结构—罗锅枨（CAD 图 10 ~ 图 13）

细部效果—管脚枨和其下罗锅枨（效果图 14）

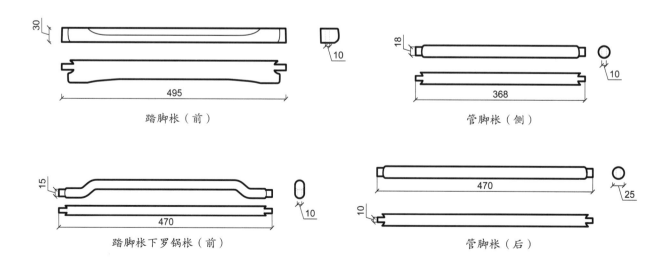

踏脚枨（前）

管脚枨（侧）

踏脚枨下罗锅枨（前）

管脚枨（后）

细部结构—管脚枨和其下罗锅枨（CAD 图 14 ~ 图 17）

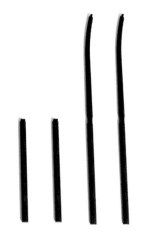

细部效果—腿子（效果图 15）

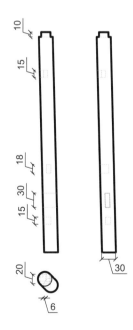

前腿

后腿

黑漆描金花卉图竹节纹灯挂椅

材质：黄花梨

年款：清

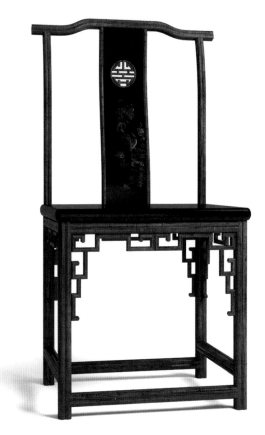

整体外观（效果图1）

1. 器形点评

此椅搭脑中间高两端低，雕竹节纹。靠背板略呈S形，中部髹饰黑漆，在黑漆地上描绘花卉纹。靠背板上部开有圆形开光，中镶攒竹透空寿字。座面为长方形，四腿为圆材劈料做，腿子上端装透雕拐子纹花牙，下端装劈料做竹节纹管脚枨。此椅雕饰精美，仿江南竹节风格，空灵逸秀。

2. CAD 图示

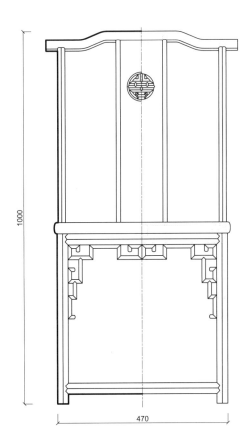

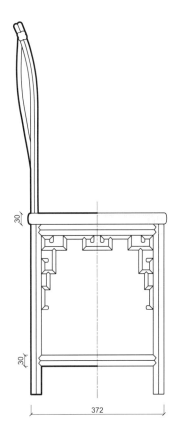

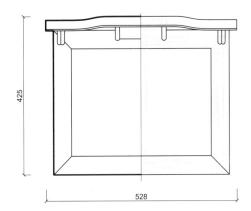

三视结构（CAD 图 1）

注：视图中部分纹饰略去。

3. 用材效果

用材效果（材质：紫檀；效果图 2）

用材效果（材质：黄花梨；效果图 3）

用材效果（材质：红酸枝；效果图 4）

4. 结构爆炸

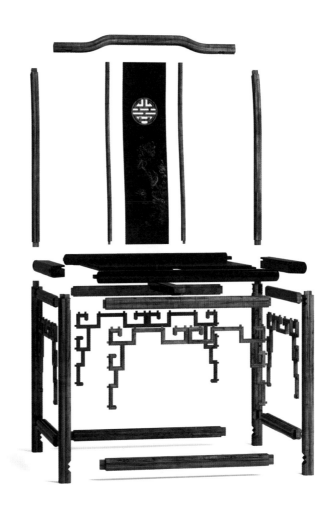

结构爆炸（效果图 5）

5. 部件示意

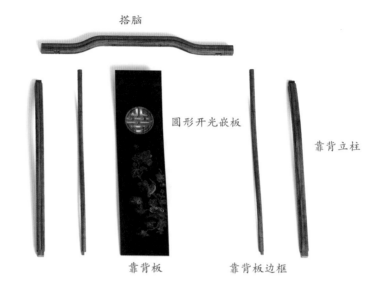

搭脑

圆形开光嵌板

靠背立柱

靠背板

靠背板边框

部件示意—搭脑和靠背（效果图 6）

大边（后）

面心

抹头

穿带

大边（前）

部件示意—座面（效果图 7）

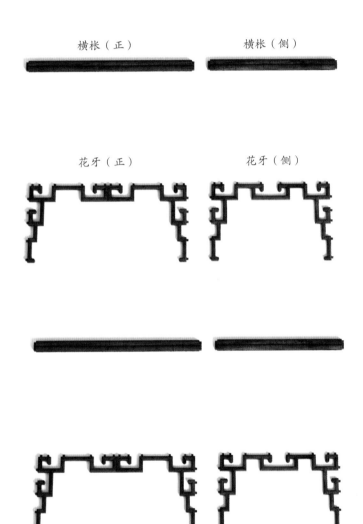

横枨（正）　　　　　　　横枨（侧）

花牙（正）　　　　　　　花牙（侧）

部件示意—横枨和花牙（效果图 8）

部件示意—腿子（效果图 9）

管脚枨（正）　　　　　　管脚枨（侧）

部件示意—管脚枨（效果图 10）

28

6. 细部详解

细部效果—搭脑和靠背（效果图 11 ）

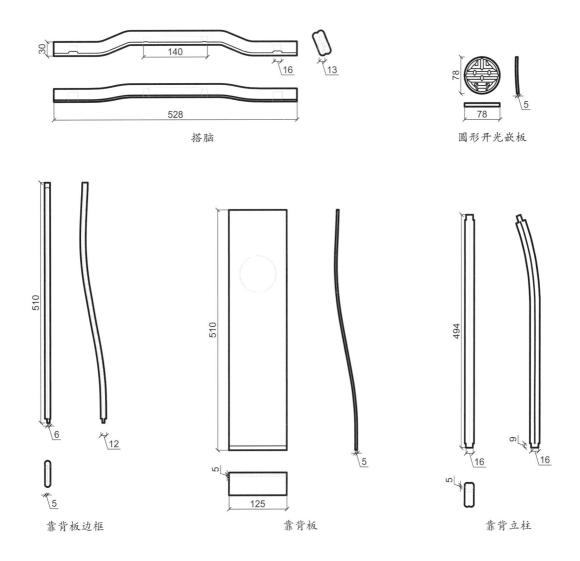

细部结构—搭脑和靠背（CAD 图 2 ~ 图 6 ）

细部效果—座面（效果图 12）

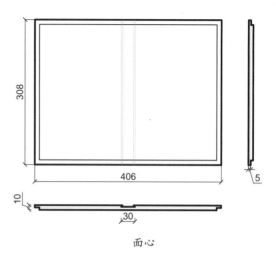

面心

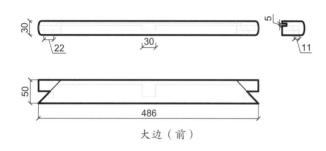

大边（前）

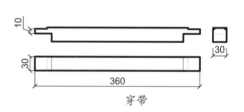

穿带

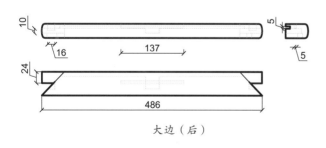

大边（后）

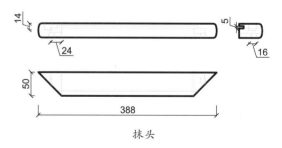

抹头

细部结构—座面（CAD 图 7 ~ 图 11）

细部效果—管脚枨(效果图13)

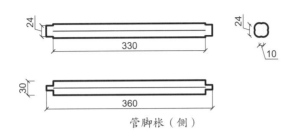

管脚枨(侧)

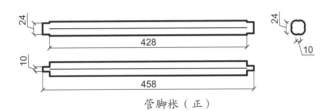

管脚枨(正)

细部结构—管脚枨(CAD图12~图13)

细部效果—腿子(效果图14)

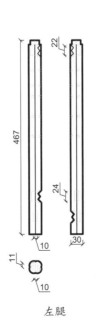

左腿

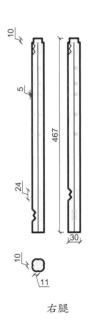

右腿

细部结构—腿子(CAD图14~图15)

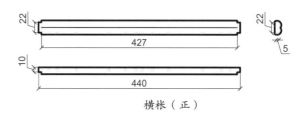

细部效果—横枨和花牙（效果图 15）

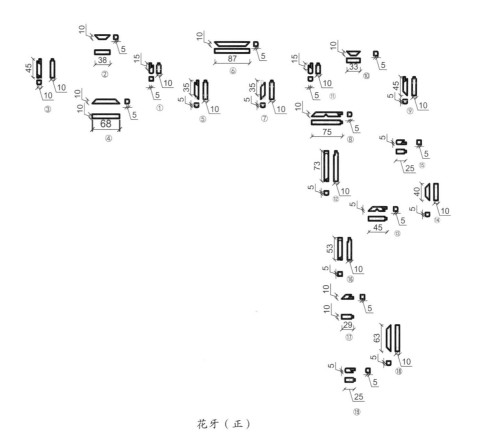

横枨（正）

花牙（正）

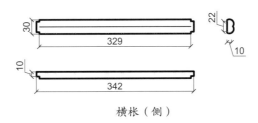

横枨（侧）

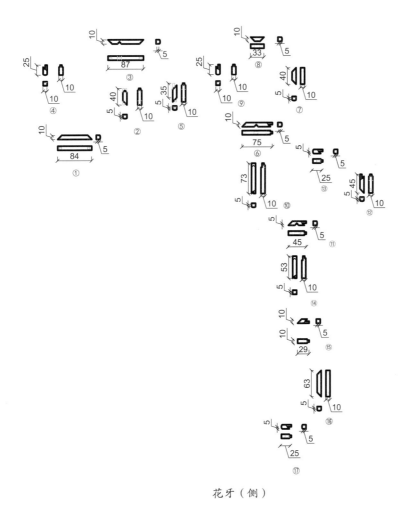

花牙（侧）

细部结构—横枨和花牙（CAD 图 16 ~ 图 19）

罗锅枨加矮老灯挂椅

材质：黄花梨

丰款：明

整体外观（效果图1）

1. 器形点评

此椅搭脑采用圆材，中间高两端低，搭脑两侧立柱与椅子后腿为一木连做。靠背板光素无饰。座面落堂做，座面下方安有罗锅枨，枨上加矮老。四腿为圆材，直落到地，腿间施管脚枨。正面两腿下端紧贴管脚枨接罗锅枨，起到加固作用。此椅造型简洁无饰，唯以优美的线条取胜，是标准的明式风格坐具。

2. CAD 图示

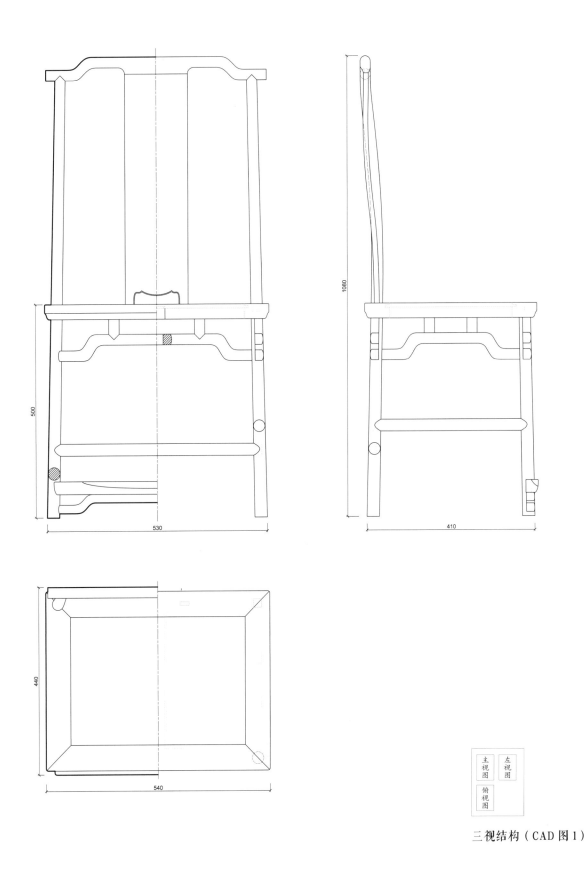

三视结构（CAD 图 1）

35

3. 用材效果

用材效果（材质：紫檀；效果图 2）

用材效果（材质：黄花梨；效果图 3）

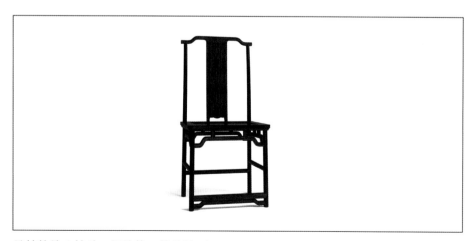

用材效果（材质：红酸枝；效果图 4）

4. 结构爆炸

结构爆炸（效果图 5）

5. 部件示意

搭脑

靠背板

部件示意—搭脑和靠背（效果图 6）

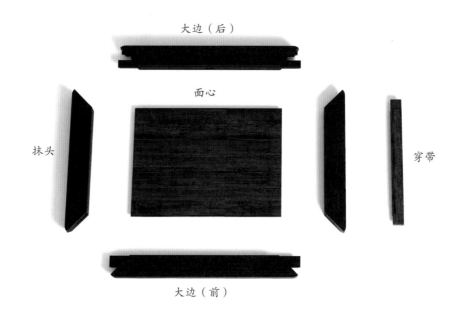

大边（后）

面心

抹头

穿带

大边（前）

部件示意—座面（效果图 7）

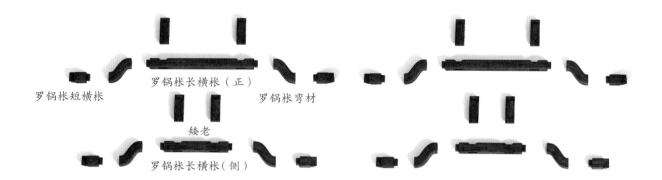

罗锅枨短横枨　　罗锅枨长横枨（正）

罗锅枨弯材

矮老

罗锅枨长横枨（侧）

部件示意—罗锅枨和矮老（效果图 8）

前腿

后腿

部件示意—腿子（效果图 9）

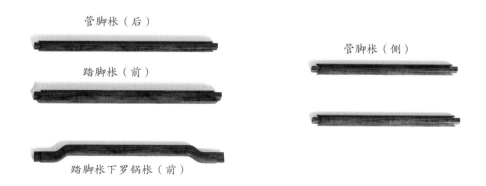

管脚枨（后）

管脚枨（侧）

踏脚枨（前）

踏脚枨下罗锅枨（前）

部件示意—管脚枨和其下罗锅枨（效果图 10）

6. 细部详解

细部效果—搭脑和靠背（效果图11）

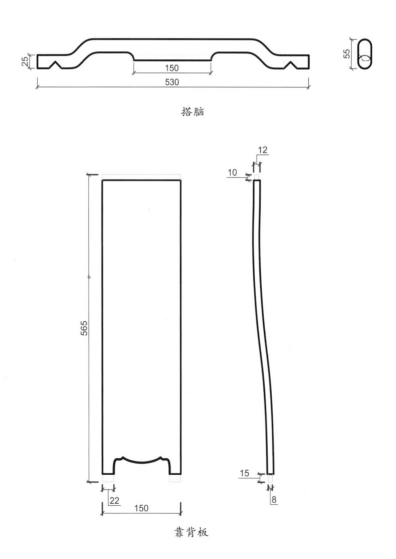

搭脑

靠背板

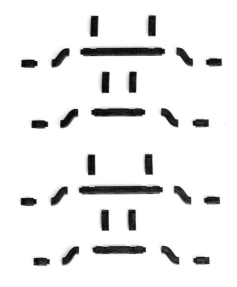

细部效果—罗锅枨和矮老（效果图 12）

罗锅枨横枨（正）

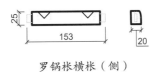

罗锅枨横枨（侧）

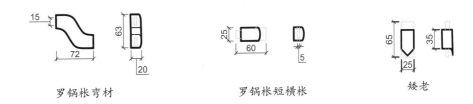

罗锅枨弯材　　　　　　　罗锅枨短横枨　　　　　　　矮老

细部效果—座面（效果图 13）

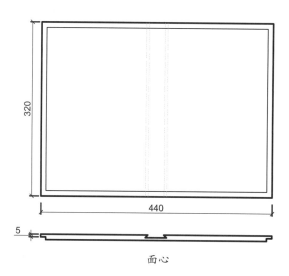

面心

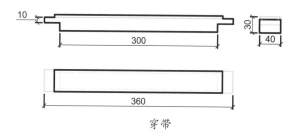

穿带

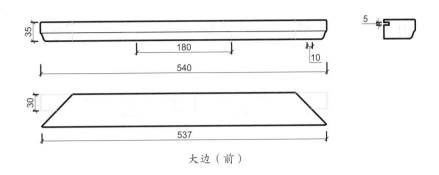

大边（前）

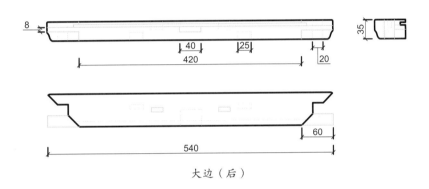

大边（后）

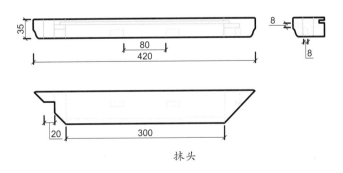

抹头

细部结构—座面（CAD 图 9 ~ 图 13）

43

细部效果—管脚枨和其下罗锅枨（效果图 14）

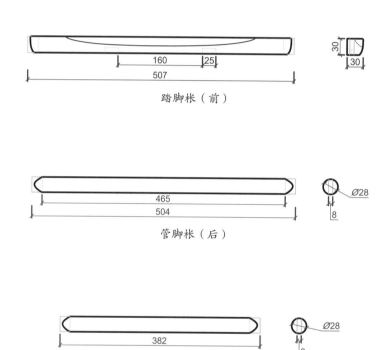

踏脚枨（前）

管脚枨（后）

管脚枨（侧）

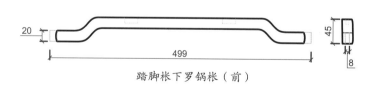

踏脚枨下罗锅枨（前）

细部结构—管脚枨和其下罗锅枨（CAD 图 14 ~ 图 17）

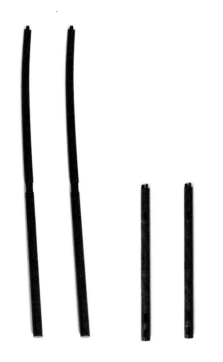

细部效果—腿子（效果图 15 ）

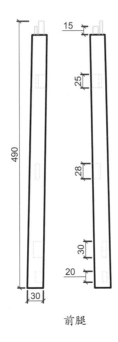

前腿

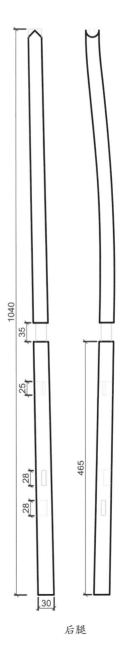

后腿

细部结构—腿子（CAD 图 18 ～ 图 19 ）

矮靠背灯挂椅

材质：黄花梨

年款：明

整体外观（效果图1）

1. 器形点评

此椅搭脑为弧形弯材，搭脑两侧立柱略呈弯曲之状，与座面边框抹头榫接。靠背板采用弯材，略呈C形。椅盘镶藤屉，椅盘下装有素牙板。四腿直下，微外展，形成侧脚。四腿之下装管脚枨，其中正面两腿之间管脚枨近地而装，而其他三面管脚枨位于四腿下端，离地面略有一段距离。管脚枨的位置高低错落，略有变化。此椅靠背高度低矮，用材厚实简拙，素面无饰，质朴可爱。

2. CAD 图示

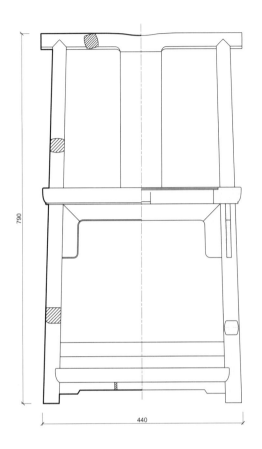

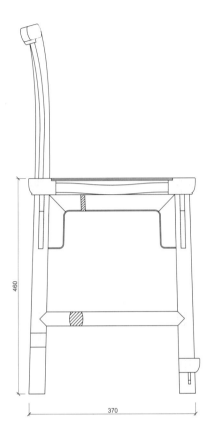

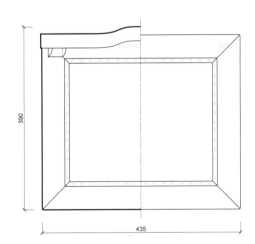

三视结构（CAD 图 1）

3. 用材效果

用材效果（材质：紫檀；效果图 2 ）

用材效果（材质：黄花梨；效果图 3 ）

用材效果（材质：红酸枝；效果图 4 ）

4. 结构爆炸

结构爆炸（效果图 5）

49

5. 部件示意

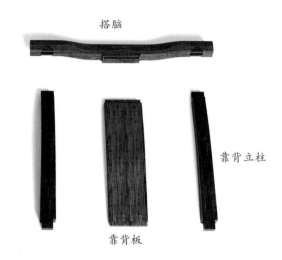

搭脑

靠背立柱

靠背板

部件示意—搭脑和靠背（效果图 6）

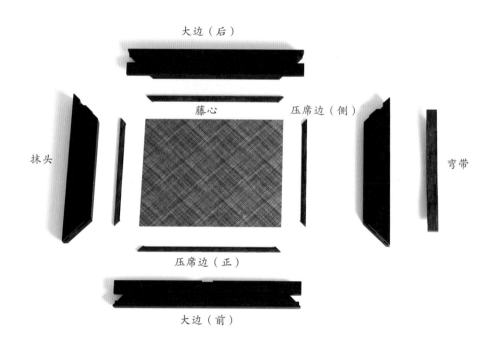

大边（后）

藤心

压席边（侧）

抹头

弯带

压席边（正）

大边（前）

部件示意—座面（效果图 7）

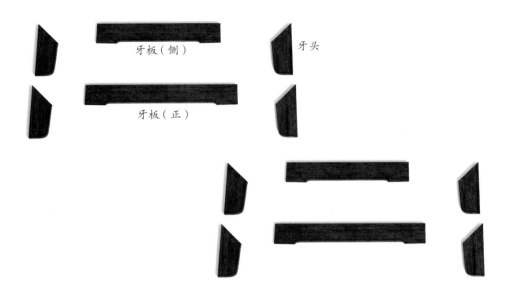

牙板（侧）

牙头

牙板（正）

部件示意—牙子（效果图 8）

部件示意—腿子（效果图 9）

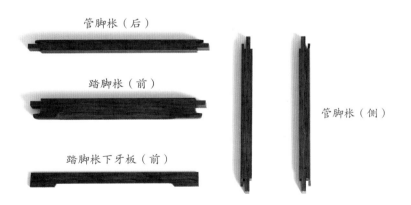

管脚枨（后）

踏脚枨（前）

管脚枨（侧）

踏脚枨下牙板（前）

部件示意—管脚枨和其下牙板（效果图 10）

6. 细部详解

细部效果—搭脑和靠背（效果图11）

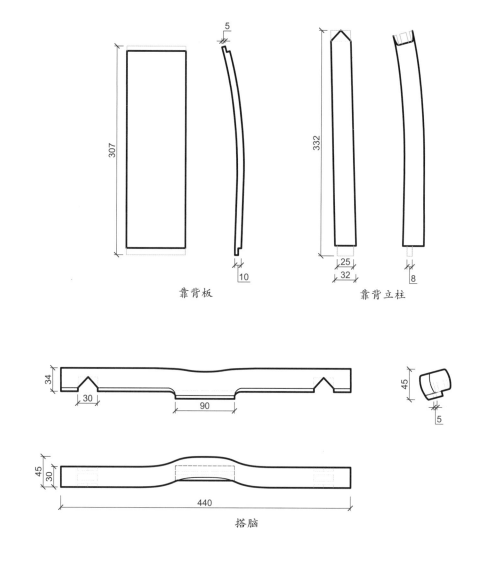

靠背板　　　　　　　　　靠背立柱

搭脑

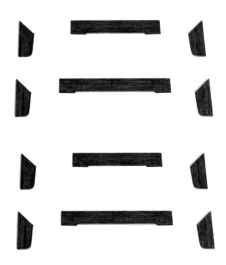

细部效果—牙子（效果图 12）

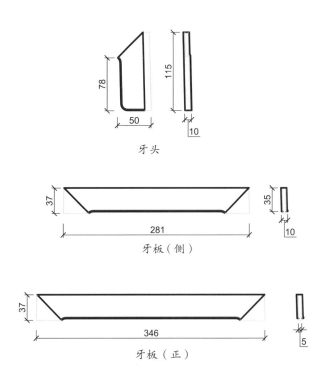

牙头

牙板（侧）

牙板（正）

细部结构—牙子（CAD 图 5 ~ 图 7）

53

细部效果—座面（效果图 13）

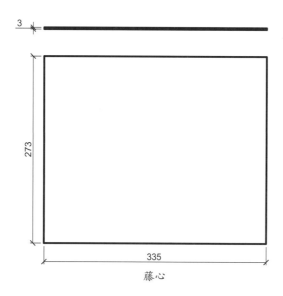

3

273

335

藤心

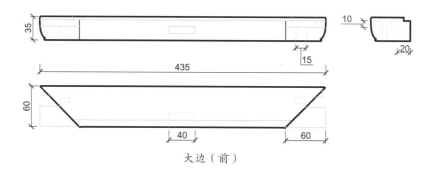

35

435

15

10

20

60

40

60

大边（前）

5

273

10

压席边（侧）

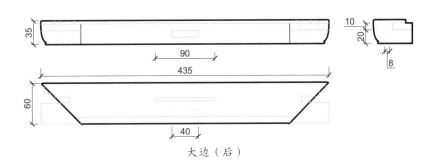

大边（后）

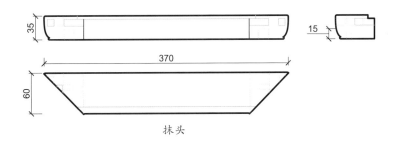

抹头

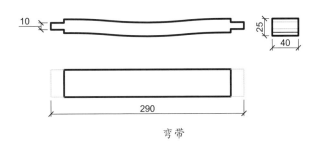

弯带

压席边（正）

细部结构—座面（CAD 图 8 ~ 图 14）

55

细部效果—管脚枨和其下牙板（效果图 14）

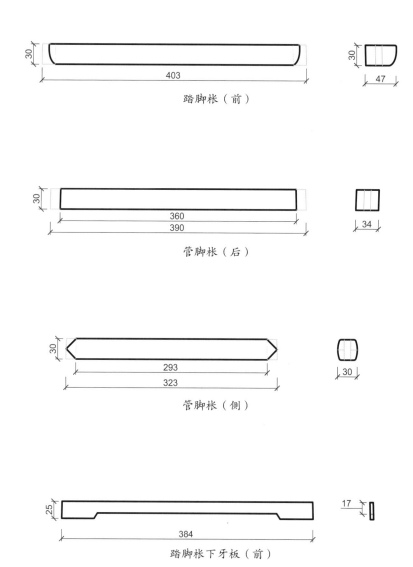

踏脚枨（前）

管脚枨（后）

管脚枨（侧）

踏脚枨下牙板（前）

细部效果—腿子（效果图 15）

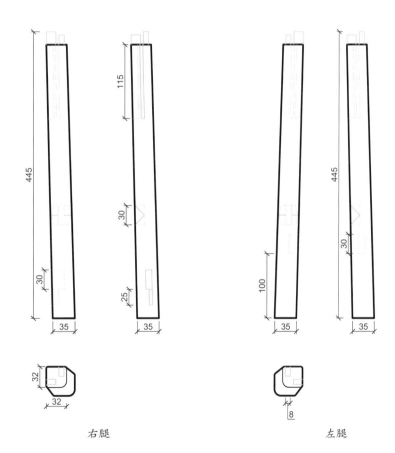

右腿　　　　　　　　　　　　　　左腿

拐子纹靠背椅

材质：红酸枝

年款：清

整体外观（效果图 1）

1. 器形点评

　　此椅搭脑雕出卷云纹，搭脑两端上挑，形成小勾云纹。靠背板为弧形弯材，浮雕拐子纹。背板椅盘之间安有云纹角牙。椅盘落堂做，中镶藤屉。椅盘下安洼堂肚牙板，牙板上浮雕云纹。四腿直下，至足端略呈外展之势，形成侧脚，足端安步步高管脚枨。此椅做工精湛，雕饰讲究，以云纹与拐子纹略施粉黛，给此椅增添了一丝灵秀之气。

2. CAD 图示

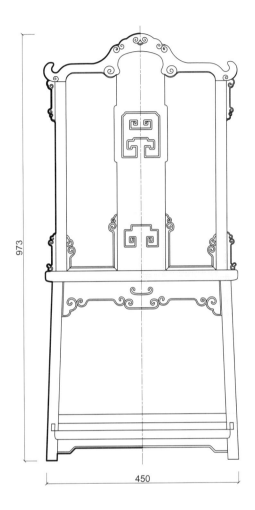

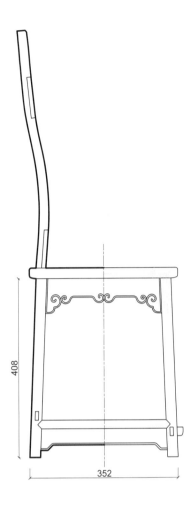

973

450

408

352

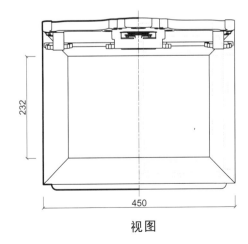

232

450

视图

三视结构（CAD 图 1）

3. 用材效果

用材效果（材质：紫檀；效果图 2 ）

用材效果（材质：黄花梨；效果图 3 ）

用材效果（材质：红酸枝；效果图 4 ）

4. 结构爆炸

结构爆炸（效果图 5）

5. 部件示意

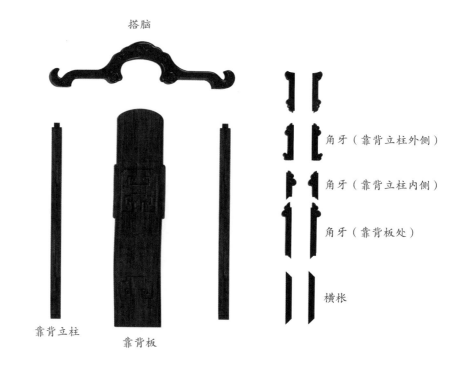

搭脑

角牙（靠背立柱外侧）

角牙（靠背立柱内侧）

角牙（靠背板处）

横枨

靠背立柱

靠背板

部件示意—搭脑和靠背（效果图 6）

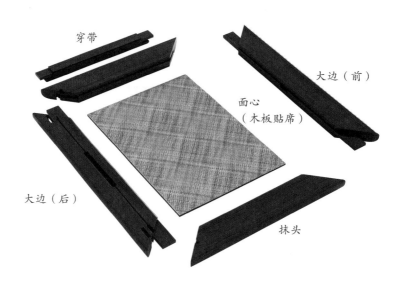

穿带

大边（前）

面心
（木板贴席）

大边（后）

抹头

部件示意—座面（效果图 7）

牙板（正）   牙板（侧）

部件示意—牙板（效果图 8）

部件示意—腿子（效果图 9）

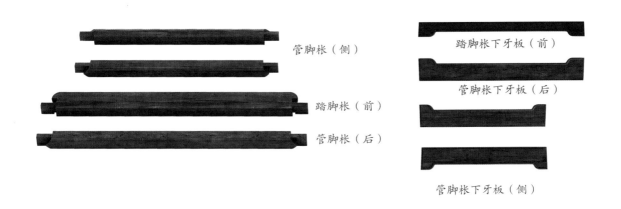

管脚枨（侧）

踏脚枨（前）

管脚枨（后）

踏脚枨下牙板（前）

管脚枨下牙板（后）

管脚枨下牙板（侧）

部件示意—管脚枨和其下牙板（效果图 10）

6. 细部详解

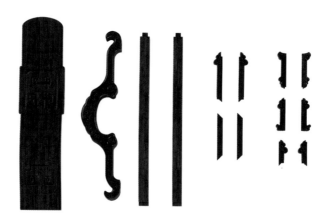

细部效果—搭脑和靠背（效果图11）

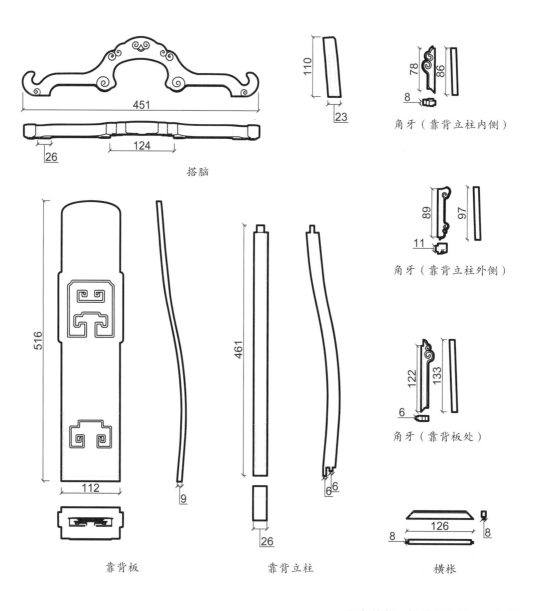

搭脑

角牙（靠背立柱内侧）

角牙（靠背立柱外侧）

角牙（靠背板处）

靠背板　　　　　　　靠背立柱　　　　　　　横枨

细部结构—搭脑和靠背（CAD 图 2 ~ 图 8）

64

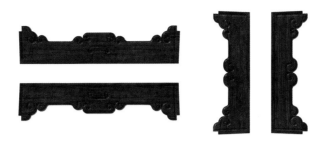

细部效果—牙板（效果图 12）

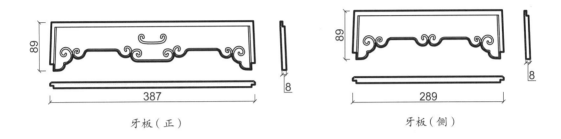

牙板（正）

牙板（侧）

细部结构—牙板（CAD 图 9 ~ 图 10）

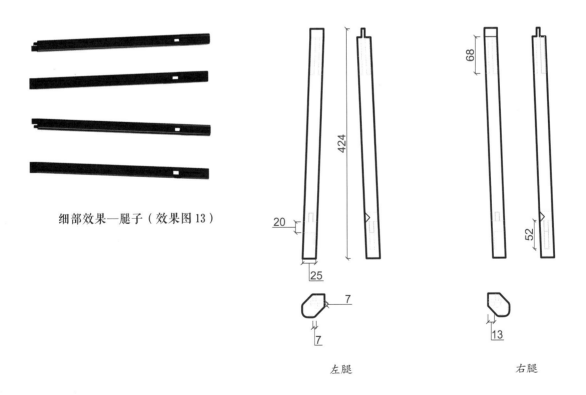

细部效果—腿子（效果图 13）

左腿

右腿

细部结构—腿子（CAD 图 11 ~ 图 12）

细部效果—座面（效果图 14）

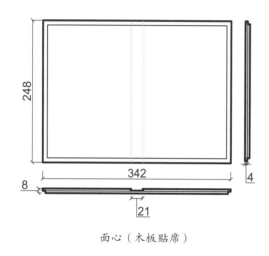

面心（木板贴席）

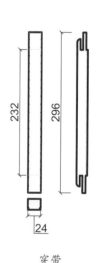

穿带

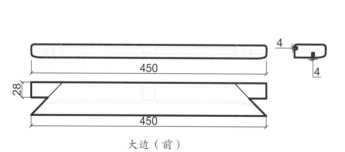

大边（前）

大边（后）

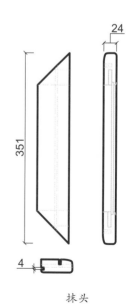

抹头

细部结构—座面（CAD 图 13 ~ 图 17）

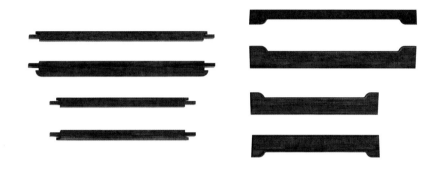

细部效果—管脚枨和其下牙板（效果图15）

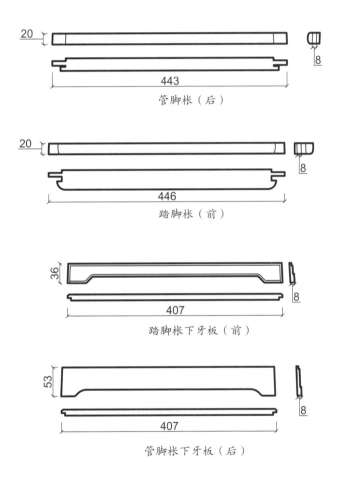

管脚枨（后）

踏脚枨（前）

踏脚枨下牙板（前）

管脚枨下牙板（后）

管脚枨下牙板（侧）

管脚枨（侧）

细部结构—管脚枨和其下牙板（CAD图18～图23）

螭龙纹靠背椅

<u>材质：红酸枝</u>

<u>年款：明</u>

整体外观（效果图1）

1. 器形点评

  此椅搭脑两端不出头，搭脑两端与后腿以挖烟袋锅榫相接。靠背板采用弧形弯材制作，其上浮雕螭龙纹。椅盘木板贴席。四腿为圆材，直落到地。四腿上节装有拱起的罗锅枨与边抹相接，四腿下端安有管脚枨。此椅造型简洁素雅，家具构件采用圆材制作，委婉圆润，美观耐看。

2. CAD 图示

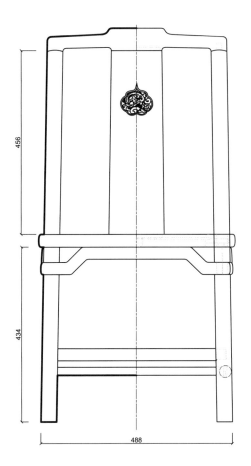

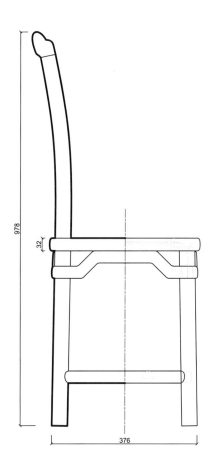

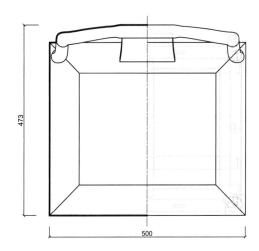

三视结构（CAD 图 1）

3. 用材效果

用材效果（材质：紫檀；效果图 2）

用材效果（材质：黄花梨；效果图 3）

用材效果（材质：红酸枝；效果图 4）

4. 结构爆炸

结构爆炸（效果图 5）

5. 部件示意

搭脑

靠背板

部件示意—搭脑和靠背（效果图 6）

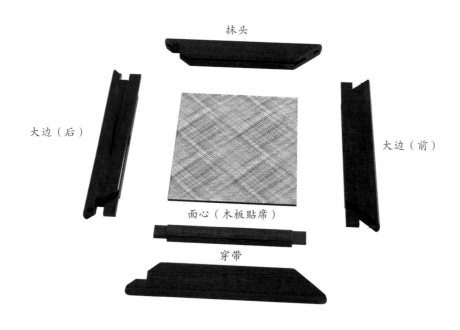

抹头

大边（后）

大边（前）

面心（木板贴席）

穿带

部件示意—座面（效果图 7）

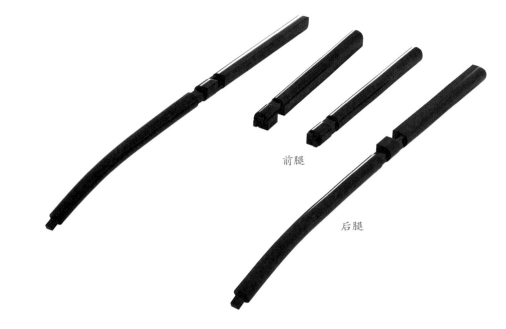

前腿

后腿

部件示意—腿子（效果图 8）

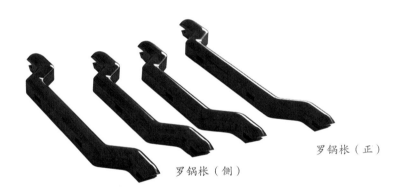

罗锅枨（正）

罗锅枨（侧）

部件示意—罗锅枨（效果图 9）

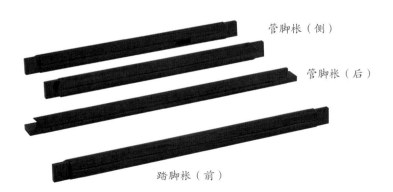

管脚枨（侧）

管脚枨（后）

踏脚枨（前）

部件示意—管脚枨（效果图 10）

6. 细部详解

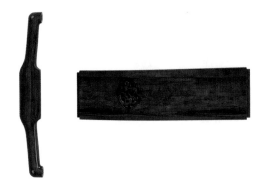

细部效果—搭脑和靠背（效果图 11）

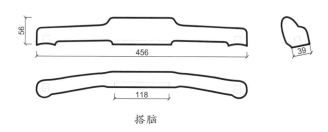

搭脑

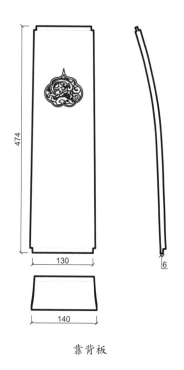

靠背板

细部结构—搭脑和靠背（CAD 图 2 ~ 图 3）

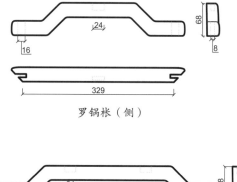

罗锅枨（侧）

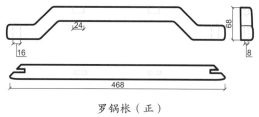

罗锅枨（正）

细部结构—罗锅枨（CAD 图 4 ~ 图 5）

细部效果—罗锅枨（效果图 12）

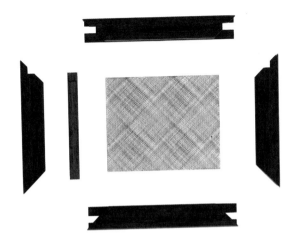

细部效果—座面（效果图 13）

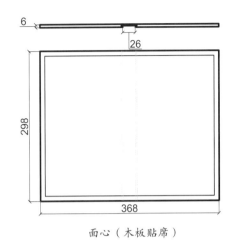

面心（木板贴席）

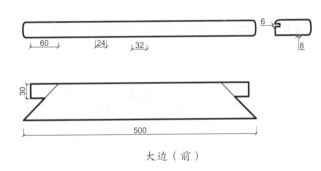

大边（前）

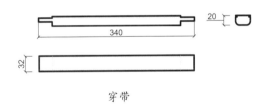

穿带

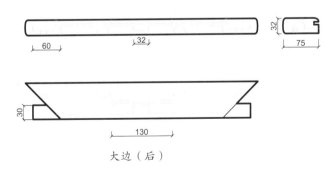

大边（后）

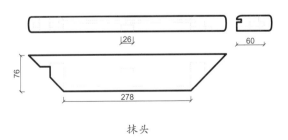

抹头

细部结构—座面（CAD 图 6 ~ 图 10）

细部效果—管脚枨（效果图 14）

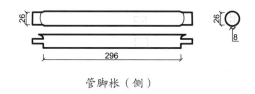

管脚枨（侧）

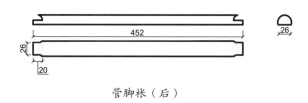

管脚枨（后）

踏脚枨（前）

细部结构—管脚枨（CAD 图 11 ~ 图 13）

76

细部效果—腿子（效果图 15）

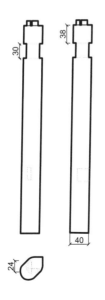

前腿

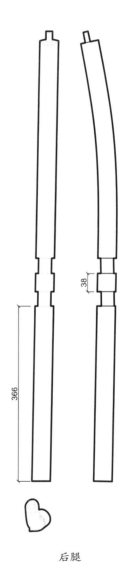

后腿

细部结构—腿子（CAD 图 14 ～ 图 15）

圆开光灯挂椅

材质：红酸枝

年款：明

整体外观（效果图1）

1. 器形点评

　　此椅搭脑采用直梗圆材做法，搭脑两端立柱与后腿为一木连作，直贯椅盘。靠背板上段开有圆形开光，中段镶瘿木素板，下段开出鱼门洞开光。椅盘为长方形，中装木板贴席。椅盘下四角装弓背牙子。四腿为圆材，直落到地，足端微外展。四腿之间装步步高管脚枨。正面两腿下装有紧贴近地的素牙板。此椅造型简洁大方，素面朝天，有天然去雕饰、清水出芙蓉之美。

2. CAD 图示

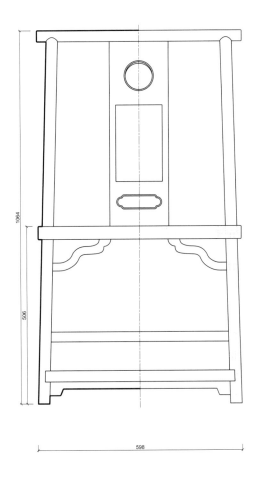

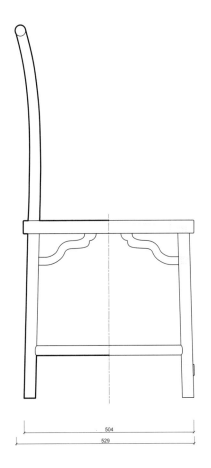

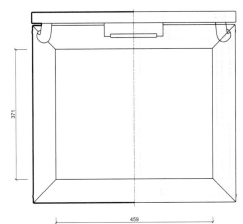

三视结构（CAD 图 1）

3. 用材效果

用材效果（材质：紫檀；效果图2）

用材效果（材质：黄花梨；效果图3）

用材效果（材质：红酸枝；效果图4）

4. 结构爆炸

结构爆炸（效果图 5）

5. 部件示意

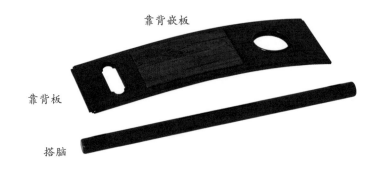

靠背嵌板

靠背板

搭脑

部件示意—搭脑和靠背（效果图 6）

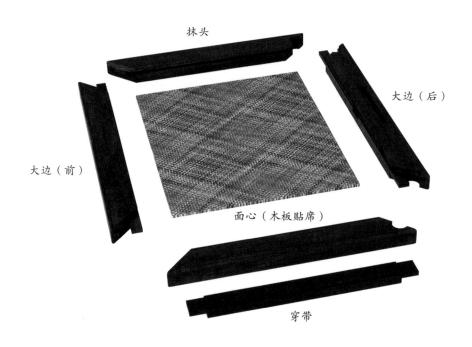

抹头

大边（后）

大边（前）

面心（木板贴席）

穿带

部件示意—座面（效果图 7）

后腿

前腿

部件示意—腿子（效果图 8）

管脚枨（侧）

管脚枨（后）

踏脚枨（前）

部件示意—管脚枨（效果图 9）

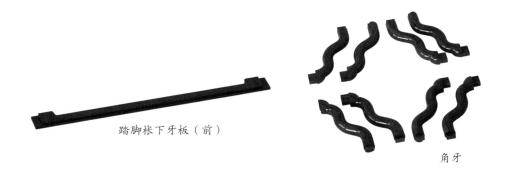

踏脚枨下牙板（前）

角牙

部件示意—牙子（效果图 10）

6. 细部详解

细部效果—搭脑和靠背（效果图11）

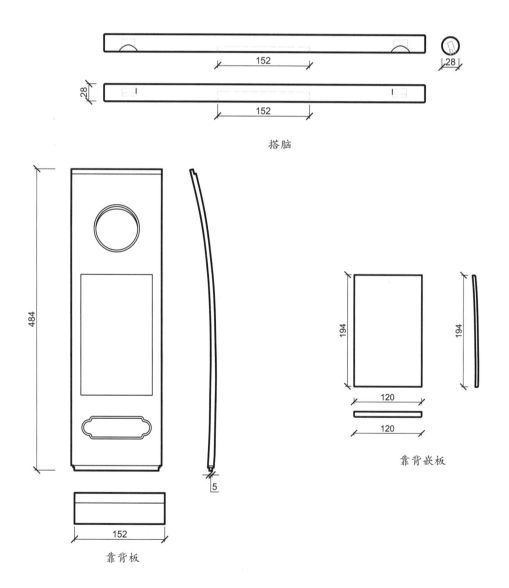

搭脑

靠背嵌板

靠背板

细部效果—腿子（效果图 12）

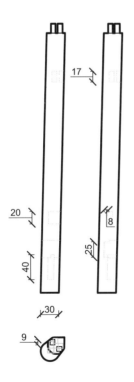

前腿

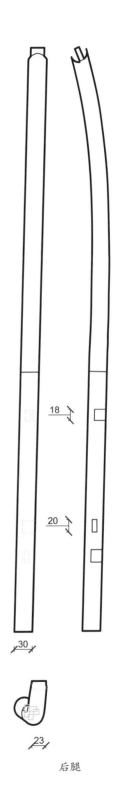

后腿

细部结构—腿子（CAD 图 5 ~ 图 6）

细部效果—座面（效果图13）

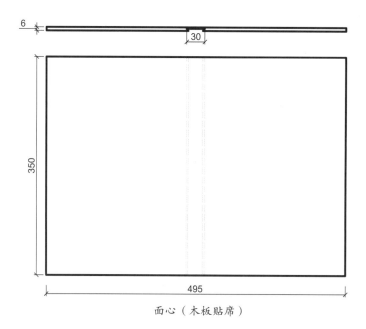

面心（木板贴席）

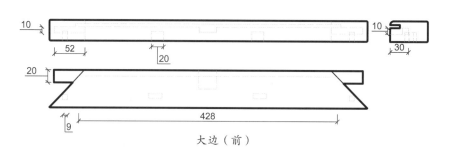

大边（前）

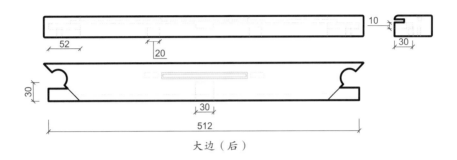

大边（后）

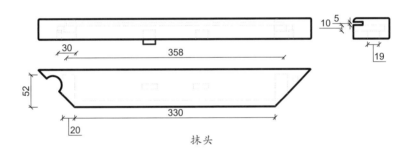

抹头

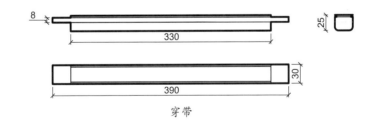

穿带

细部结构—座面（CAD 图 7 ~ 图 11 ）

87

细部效果—管脚枨（效果图 14 ）

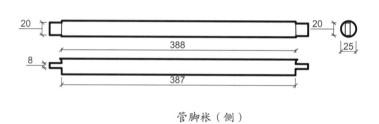

388

387

管脚枨（侧）

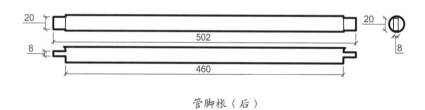

502

460

管脚枨（后）

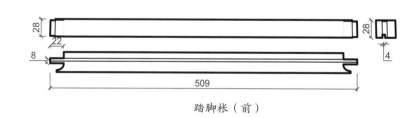

509

踏脚枨（前）

细部结构—管脚枨（CAD 图 12 ~ 图 14 ）

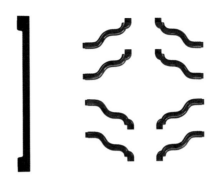

细部效果—牙子（效果图15）

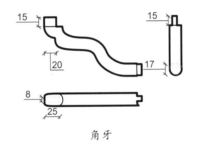

角牙

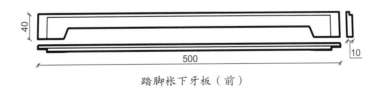

踏脚枨下牙板（前）

细部结构—牙子（CAD图15～图16）

梳背玫瑰椅

材质：红酸枝

丰款：明

整体外观（效果图1）

1. 器形点评

此椅靠背扶手均以弯材制成，靠背搭脑中部高起，搭脑与靠背两端立柱形成软圆角。靠背正中装五根弧形弯材的梳背棂条，两侧扶手边框内亦装有弯材竖棂条。座面落堂做，座面之下装有罗锅枨，枨上装矮老。四腿为方材，直落到地，腿间装管脚罗锅枨。此椅线条优美，器形端正。

2. CAD 图示

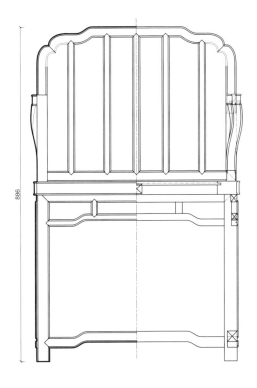

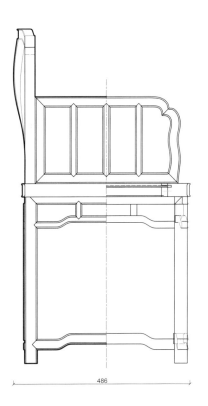

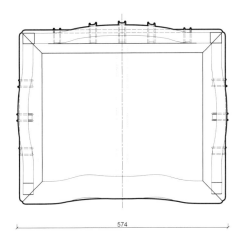

三视结构（CAD 图 1）

3. 用材效果

用材效果（材质：紫檀；效果图 2）

用材效果（材质：黄花梨；效果图 3）

用材效果（材质：红酸枝；效果图 4）

4. 结构爆炸

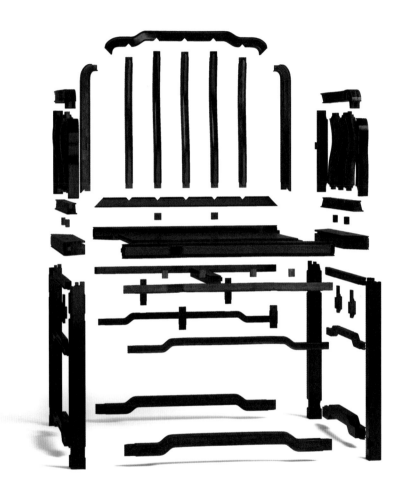

结构爆炸（效果图 5）

93

5. 部件示意

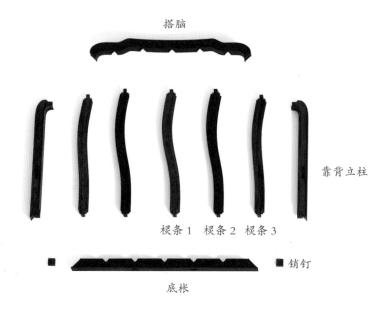

搭脑

靠背立柱

棖条1　棖条2　棖条3

■ 销钉

底棖

部件示意—靠背围子（效果图6）

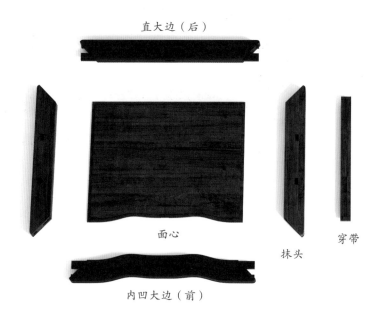

直大边（后）

面心

穿带

抹头

内凹大边（前）

部件示意—座面（效果图7）

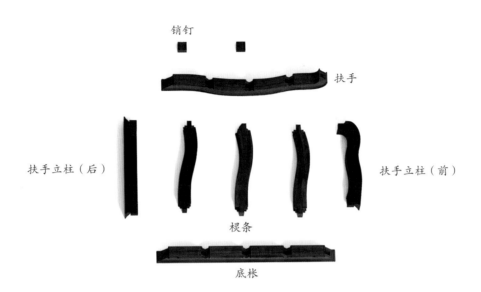

销钉

扶手

扶手立柱（后）

扶手立柱（前）

棂条

底枨

部件示意—扶手围子（效果图 8）

罗锅枨（侧）

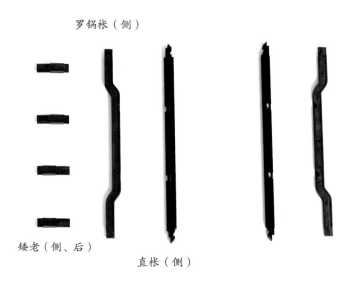

矮老（侧、后）

直枨（侧）

罗锅枨（后）

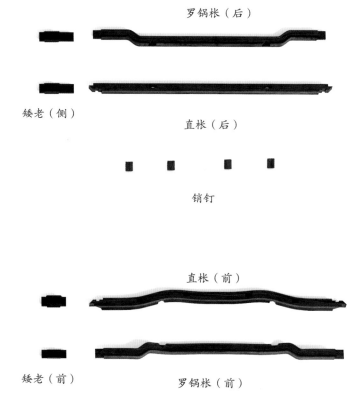

矮老（侧）

直枨（后）

销钉

直枨（前）

矮老（前）

罗锅枨（前）

部件示意—枨子和矮老（效果图 9）

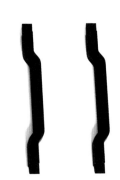

管脚枨（正）　　　　　　管脚枨（侧）

部件示意—管脚枨（效果图 10）

部件示意—腿子（效果图 11）

6. 细部详解

细部效果—靠背围子（效果图12）

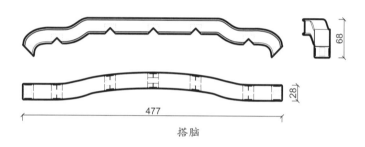

搭脑

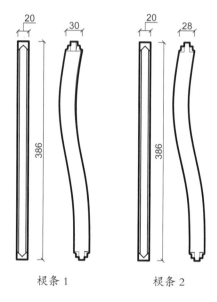

棍条1   棍条2

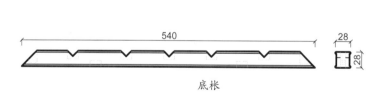

底枨

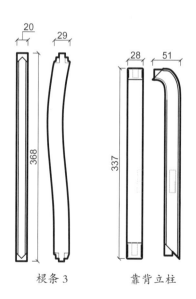

棍条3   靠背立柱

细部结构—靠背围子（CAD图2～图7）

细部效果—座面（效果图 13）

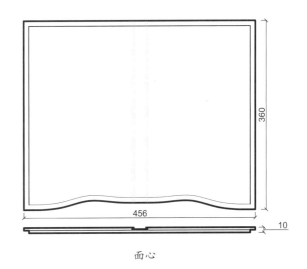

面心

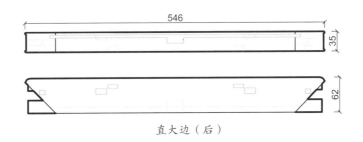

直大边（后）

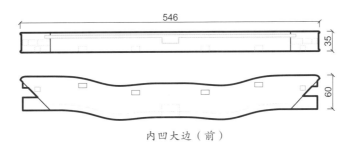

内凹大边（前）

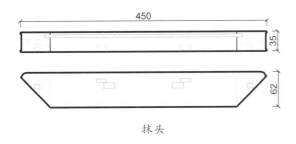

抹头

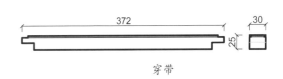

穿带

细部结构—座面（CAD 图 8 ~ 图 12）

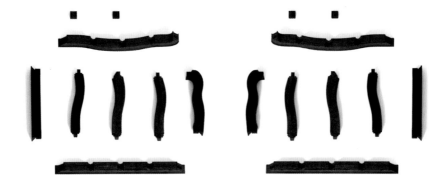

细部效果—扶手围子（效果图 14）

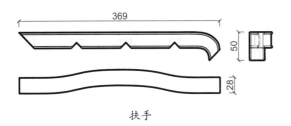

扶手

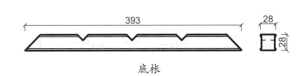

底枨

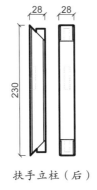

扶手立柱（后）

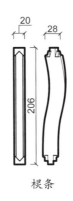

棍条

扶手立柱（前）

细部结构—扶手围子（CAD 图 13 ~ 图 17）

细部效果—管脚枨（效果图 15）

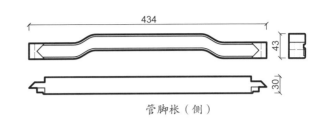

管脚枨（侧）

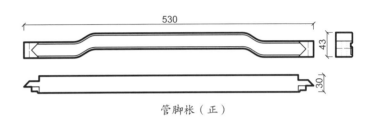

管脚枨（正）

细部结构—管脚枨（CAD 图 18 ~ 图 19）

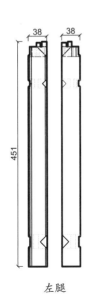

左腿　　　　　　右腿

细部结构—腿子（CAD 图 20 ~ 图 21）

细部效果—腿子（效果图 16）

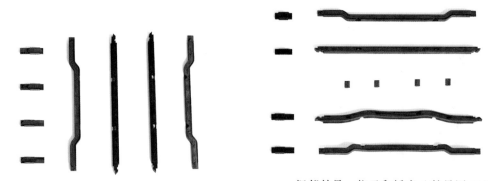

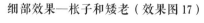

细部效果—枨子和矮老（效果图 17）

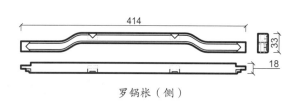

罗锅枨（侧）

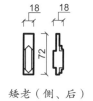

矮老（侧、后）

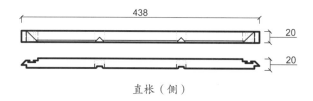

直枨（侧）

矮老（前）

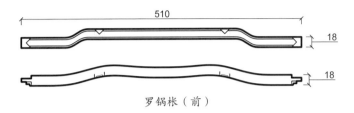

510

18

18

罗锅枨（前）

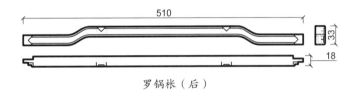

510

33

18

罗锅枨（后）

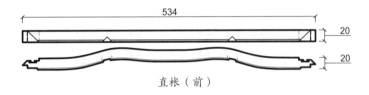

534

20

20

直枨（前）

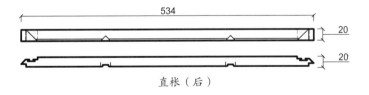

534

20

20

直枨（后）

细部结构—枨子和矮老（CAD 图 22 ~ 图 29）

103

券口靠背玫瑰椅

材质：黄花梨

年款：明

整体外观（效果图1）

1. 器形点评

  此玫瑰椅的搭脑、扶手及靠背立柱均为圆材制作，搭脑两端与靠背立柱间采用挖烟袋锅榫相接。靠背及两侧扶手下方安有低矮的横枨，横枨下装矮老，与座面相接。横枨之上安壶门券口牙子。椅子的座面边抹采用劈料做法，座面之下安有罗锅枨。四条椅腿为圆材，直落到地，足端安步步高管脚枨。正面及侧面管脚枨下装有罗锅枨，起进一步加固作用。

2. CAD 图示

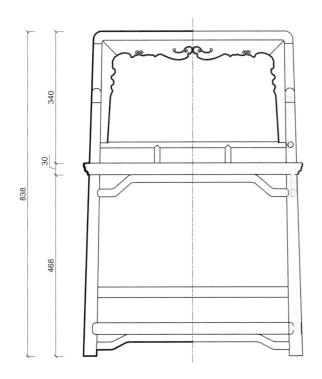

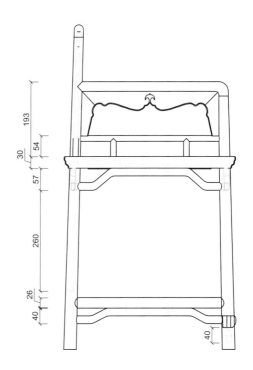

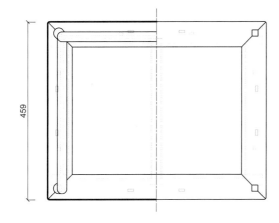

三视结构（CAD 图 1）

3. 用材效果

用材效果（材质：紫檀；效果图 2 ）

用材效果（材质：黄花梨；效果图 3 ）

用材效果（材质：红酸枝；效果图 4 ）

4. 结构爆炸

结构爆炸（效果图 5）

5. 部件示意

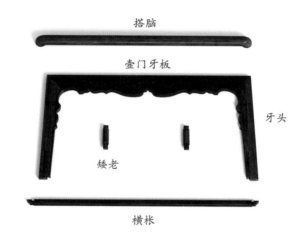

搭脑

壶门牙板

牙头

矮老

横枨

部件示意—靠背围子（效果图 6）

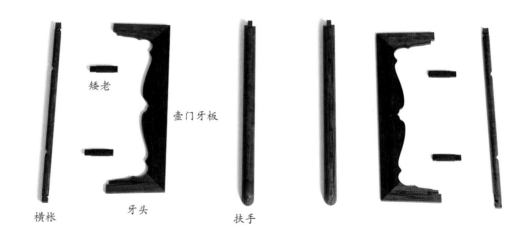

矮老

壶门牙板

横枨　　牙头　　扶手

部件示意—扶手围子（效果图 7）

大边（后）

大边（前）

面心

抹头

穿带

部件示意—座面（效果图 8）

109

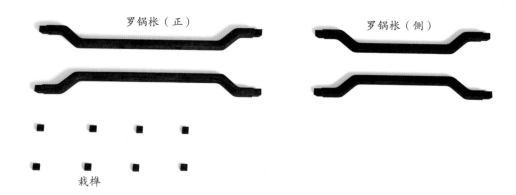

罗锅枨（正） 罗锅枨（侧）

栽榫

部件示意—罗锅枨（效果图 9）

前腿 后腿

部件示意—腿子（效果图 10）

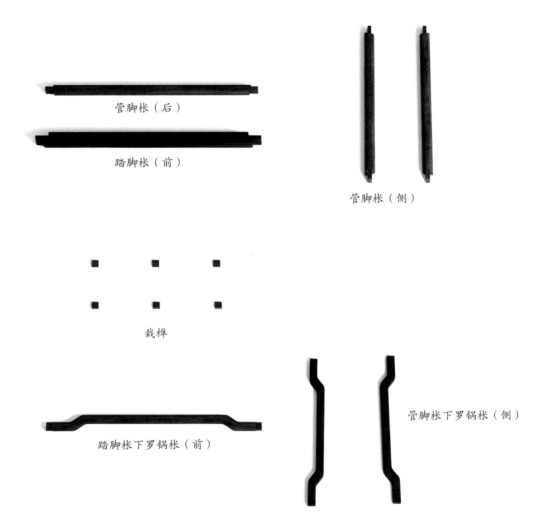

管脚枨（后）

踏脚枨（前）

管脚枨（侧）

栽榫

踏脚枨下罗锅枨（前）

管脚枨下罗锅枨（侧）

部件示意—管脚枨和其下罗锅枨（效果图 11）

6. 细部详解

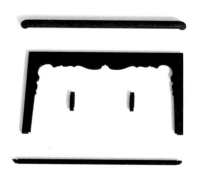

细部效果—靠背围子（效果图 12）

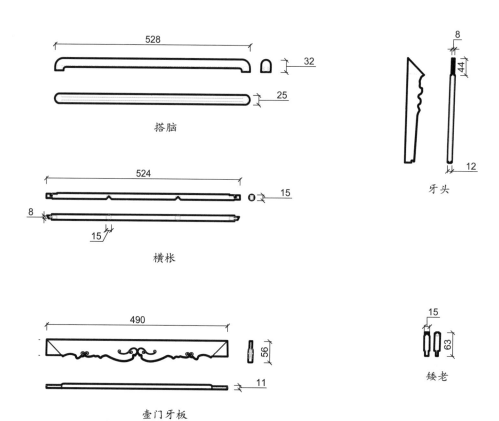

搭脑

牙头

横枨

矮老

壶门牙板

细部效果—扶手围子（效果图 13）

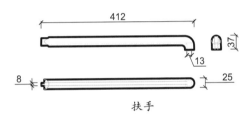

扶手

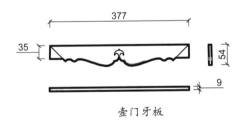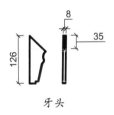

壶门牙板　　　　　　　　牙头

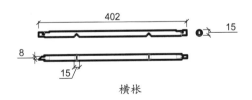

横枨　　　　　　　　　　矮老

细部结构—扶手围子（CAD 图 7 ~ 图 11）

细部效果—座面（效果图14）

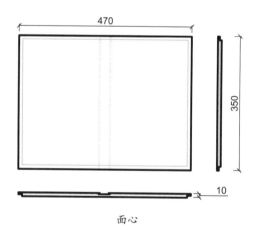

面心

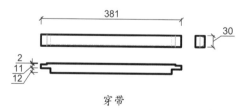

穿带

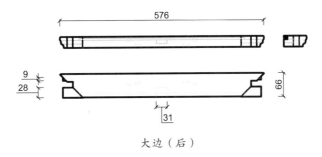

大边（后）

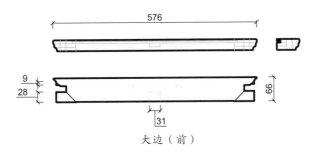

大边（前）

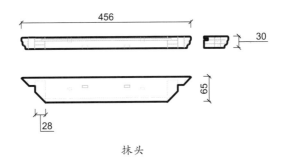

抹头

细部结构—座面（CAD 图 12 ～ 图 16）

细部效果—罗锅枨（效果图 15）

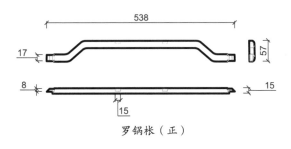

罗锅枨（正）

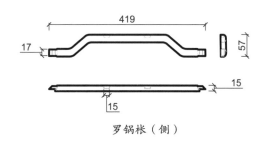

罗锅枨（侧）

细部结构—罗锅枨（CAD 图 17 ~ 图 18）

细部效果—腿子（效果图 16）

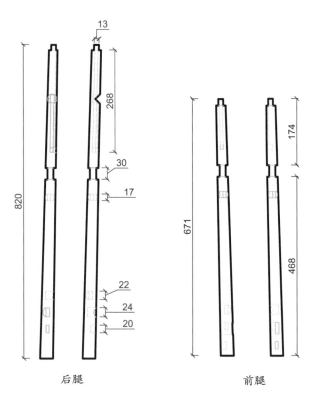

后腿　　　　前腿

细部结构—腿子（CAD 图 19 ~ 图 20）

细部效果—管脚枨和其下罗锅枨（效果图17）

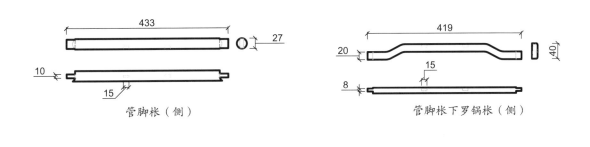

管脚枨（侧）

管脚枨下罗锅枨（侧）

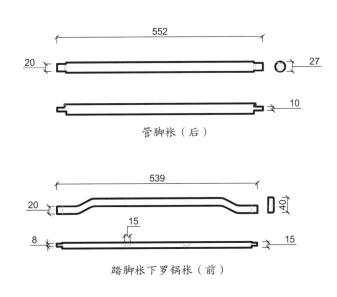

管脚枨（后）

踏脚枨下罗锅枨（前）

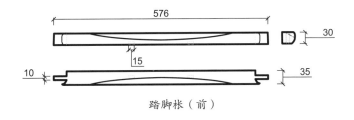

踏脚枨（前）

细部结构—管脚枨和其下罗锅枨（CAD 图 21 ~ 图 25）

双螭纹玫瑰椅

材质：黄花梨

年款：明

整体外观（效果图 1）

1. 器形点评

此椅靠背板由两根立柱作框，分三段打槽装板，上部开有长方形透光；中部浮雕抵尾双螭龙，翻成云纹；下部为云纹亮脚。两侧扶手的下端安有横枨，下有矮老与座面相接。座面落堂做，镶硬板。座面之下安素牙板，四腿为圆材，直落到地，至足端安步步高管脚枨。此椅整体做工简练明快，造型端秀大方，线脚流畅，是一件很经典的明式坐具。

2. CAD 图示

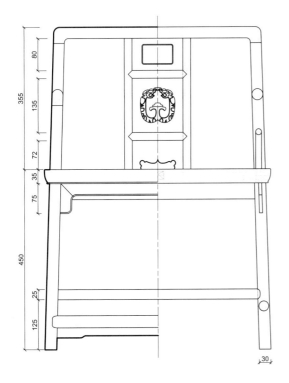

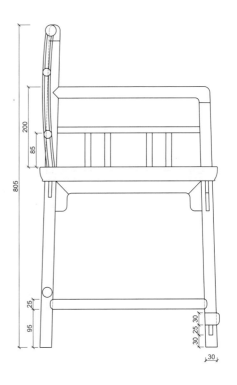

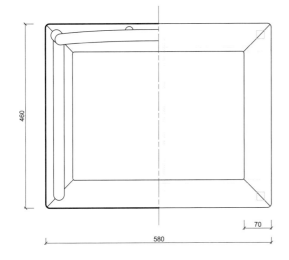

双螭龙纹开光大样图

三视结构（CAD 图 1）

3. 用材效果

用材效果（材质：紫檀；效果图 2）

用材效果（材质：黄花梨；效果图 3）

用材效果（材质：红酸枝；效果图 4）

120

4. 结构爆炸

结构爆炸（效果图 5）

5. 部件示意

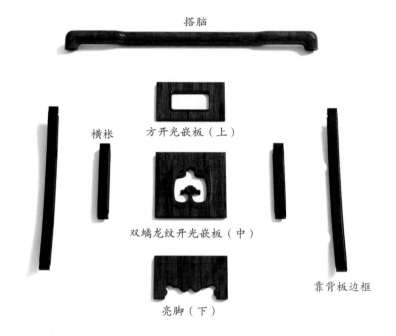

搭脑

横枨   方开光嵌板（上）

双螭龙纹开光嵌板（中）   靠背板边框

亮脚（下）

部件示意—搭脑和靠背（效果图 6）

大边（后）

穿带

抹头

面心

大边（前）

部件示意—座面（效果图 7）

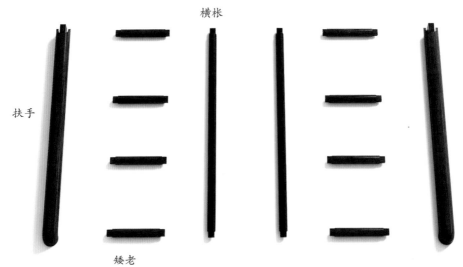

横枨

扶手

矮老

部件示意—扶手（效果图 8）

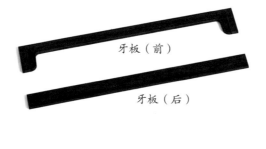

牙板（前）

牙板（后）

牙板（侧）

牙头

部件示意—牙子（效果图 9）

124

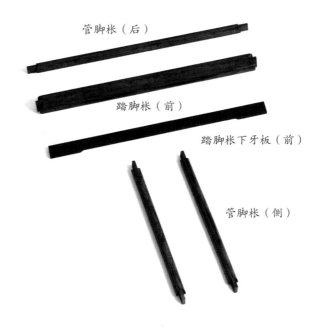

管脚枨（后）

踏脚枨（前）

踏脚枨下牙板（前）

管脚枨（侧）

部件示意—管脚枨和其下牙板（效果图10）

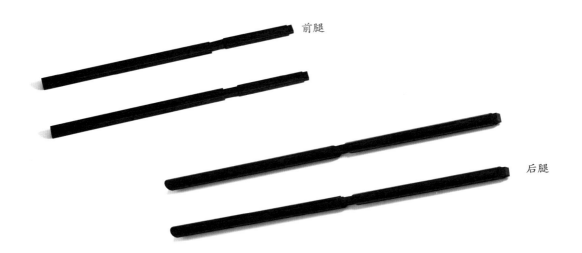

前腿

后腿

部件示意—腿子（效果图11）

125

6. 细部详解

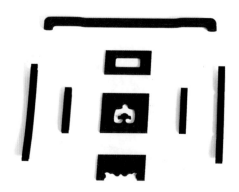

细部效果—搭脑和靠背（效果图12）

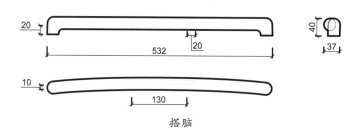

搭脑

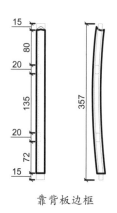

靠背板边框

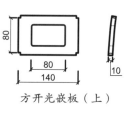

方开光嵌板（上）

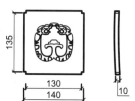

双螭龙纹开光嵌板（中）

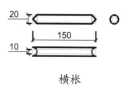

横枨

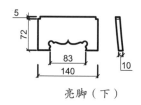

亮脚（下）

细部结构—搭脑和靠背（CAD图2～图7）

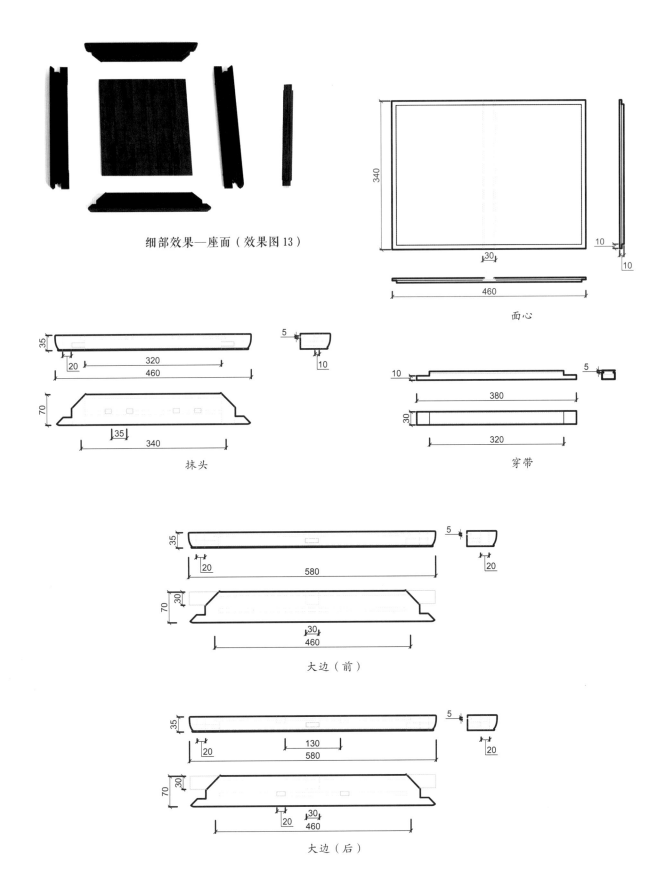

细部效果—座面（效果图 13）

面心

抹头

穿带

大边（前）

大边（后）

细部结构—座面 （CAD 图 8 ~ 图 12）

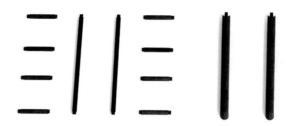

细部效果—扶手（效果图14）

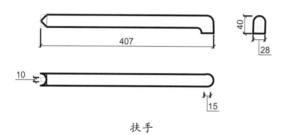

扶手

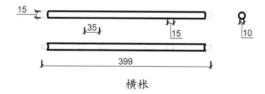

横枨

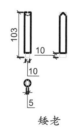

矮老

细部结构—扶手（CAD图13～图15）

细部效果—管脚枨和其下牙板（效果图15）

踏脚枨（前）

547   30   38

踏脚枨下牙板（前）

528   30   10

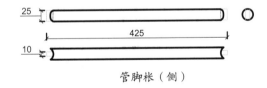

管脚枨（侧）

25   425   10

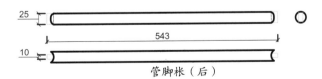

管脚枨（后）

25   543   10

细部结构—管脚枨和其下牙板（CAD图16～图19）

细部效果—腿子（效果图 16）

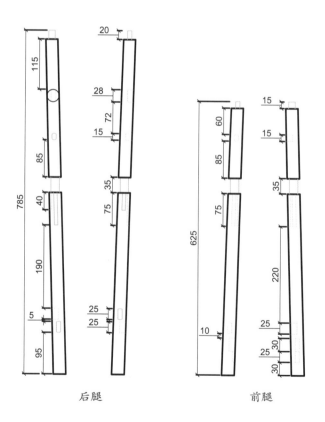

后腿   前腿

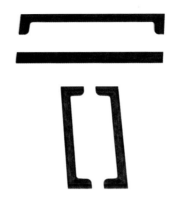

细部效果—牙子（效果图 17）

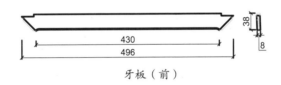

牙板（前）

牙板（侧）

牙板（后）

牙头

细部结构—牙子（CAD 图 22 ~ 图 25）

圈口靠背玫瑰椅

材质：黄花梨

年款：明

整体外观（效果图1）

1. 器形点评

　　此椅靠背围子及两侧扶手围子正中装有壶门牙板圈口，椅盘中装木板贴席，椅盘下面四腿为圆材，直落到地。四腿上端与椅盘相接处装拱起的罗锅枨，四腿下端安步步高管脚枨，管脚枨下再安罗锅枨，起到加固作用。此椅造型轻灵逸秀，线条简洁流畅，美观大方。

132

2. CAD 图示

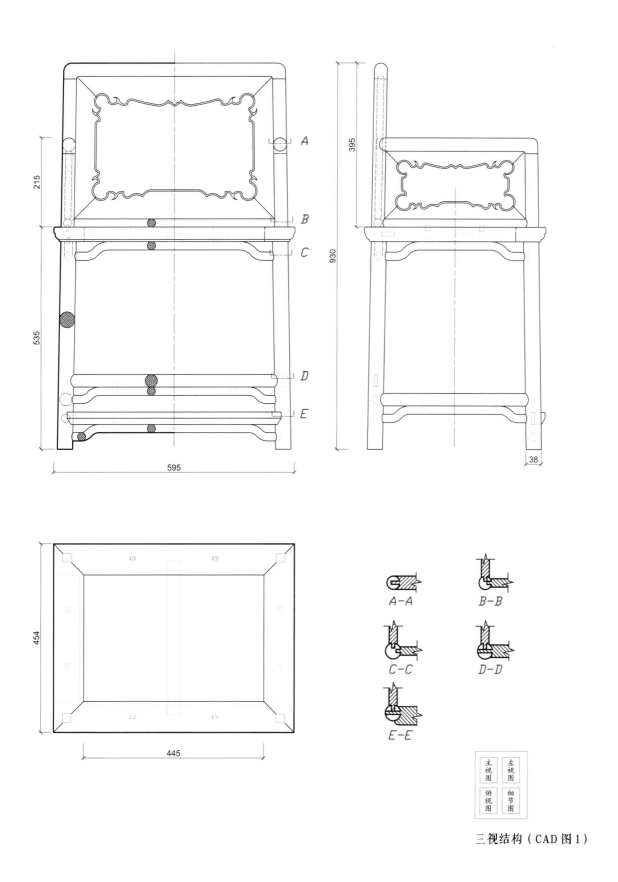

A-A

B-B

C-C

D-D

E-E

主视图　左视图
俯视图　细节图

三视结构（CAD图1）

133

3. 用材效果

用材效果（材质：紫檀；效果图 2 ）

用材效果（材质：黄花梨；效果图 3 ）

用材效果（材质：红酸枝；效果图 4 ）

4. 结构爆炸

结构爆炸（效果图 5）

5. 部件示意

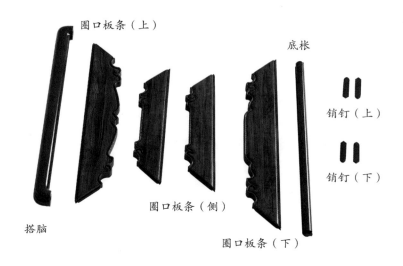

圈口板条（上）

底枨

搭脑

圈口板条（侧）

圈口板条（下）

销钉（上）

销钉（下）

部件示意—靠背围子（效果图6）

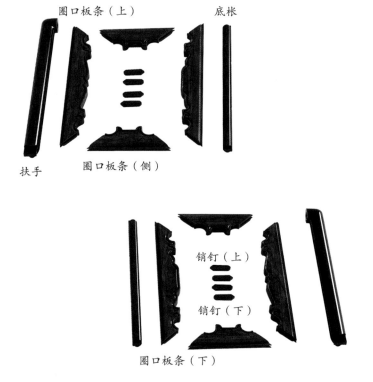

圈口板条（上）

底枨

扶手

圈口板条（侧）

销钉（上）

销钉（下）

圈口板条（下）

部件示意—扶手围子（效果图7）

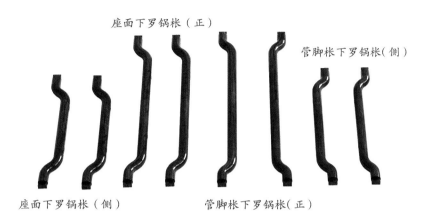

座面下罗锅枨（正）

管脚枨下罗锅枨（侧）

座面下罗锅枨（侧）

管脚枨下罗锅枨（正）

部件示意—罗锅枨（效果图 8）

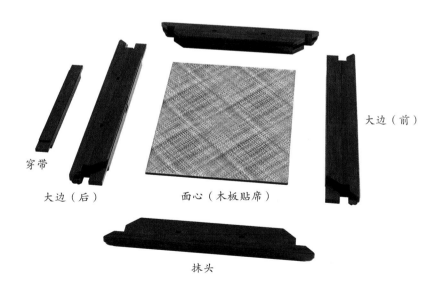

穿带

大边（后）

面心（木板贴席）

大边（前）

抹头

部件示意—座面（效果图 9）

后腿

前腿

部件示意—腿子（效果图10）

踏脚枨（前）

管脚枨（后）

管脚枨（侧）

部件示意—管脚枨（效果图11）

6. 细部详解

细部效果—靠背围子（效果图 12）

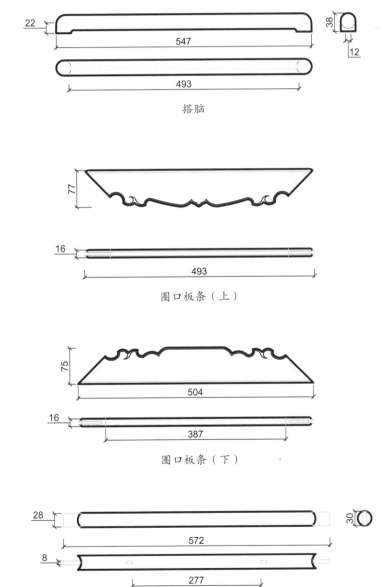

搭脑

圈口板条（上）

圈口板条（下）

底枨

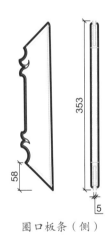

圈口板条（侧）

销钉（上）

销钉（下）

细部结构—靠背围子（CAD 图 2 ~ 图 8）

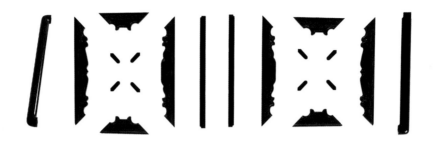

细部效果—扶手围子（效果图 13）

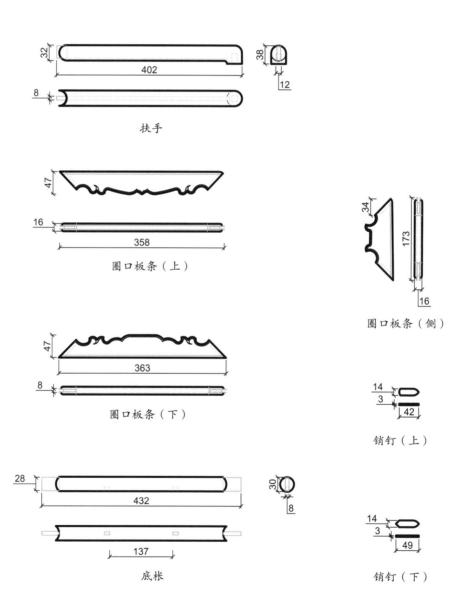

扶手

圈口板条（上）

圈口板条（侧）

圈口板条（下）

销钉（上）

底枨

销钉（下）

细部结构—扶手围子（CAD 图 9 ~ 图 15）

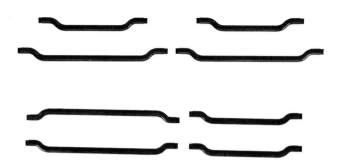

细部效果—罗锅枨（效果图 14）

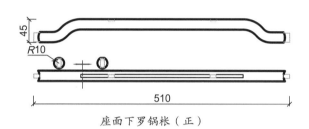

座面下罗锅枨（正）

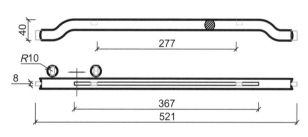

管脚枨下罗锅枨（正）

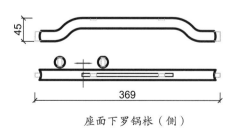

座面下罗锅枨（侧）

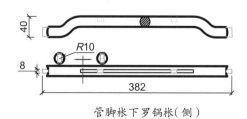

管脚枨下罗锅枨（侧）

细部结构—罗锅枨（CAD 图 16 ~ 图 19）

细部效果—座面（效果图 15）

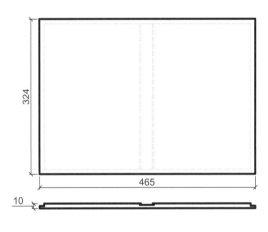

面心（木板贴席）

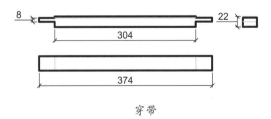

穿带

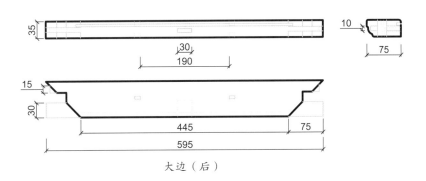

大边（后）

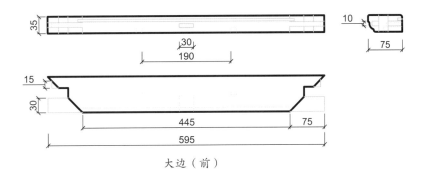

大边（前）

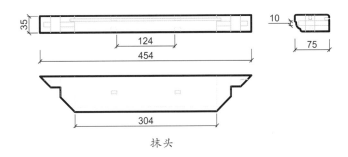

抹头

细部结构—座面（CAD 图 20～图 24）

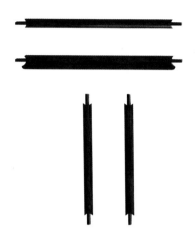

细部效果—管脚枨（效果图 16）

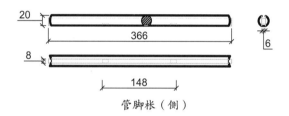

管脚枨（侧）

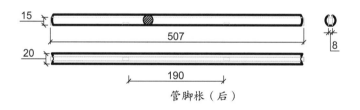

管脚枨（后）

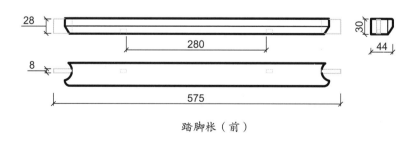

踏脚枨（前）

细部结构—管脚枨（CAD 图 25 ~ 图 27）

细部效果—腿子（效果图 17）

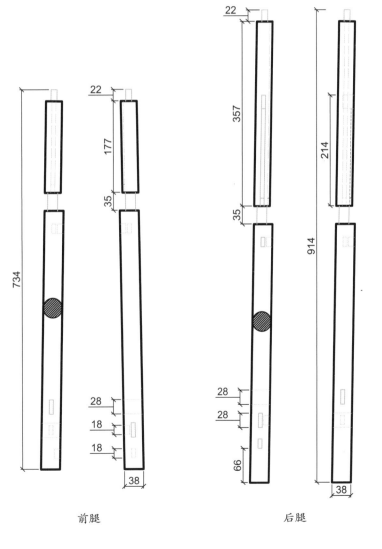

前腿

后腿

细部结构—腿子（CAD 图 28 ~ 图 29）

云纹禅椅

<u>材质：红酸枝</u>

<u>丰款：宋</u>

整体外观（效果图1）

1. 器形点评

　　此椅通体简洁无饰，搭脑及两侧扶手均为方材制作，扶手出头。靠背两端立柱与后腿为一木连做，贯通上下。两边扶手前端的立柱也与前腿为一木连做。座面方正平直，下安云纹角牙。四腿为方材，直下。两侧及后面两腿上端安有横枨。正面两腿下端安双层管脚枨，双枨之间又镶绦环板，挖如意云头透光。

2. CAD 图示

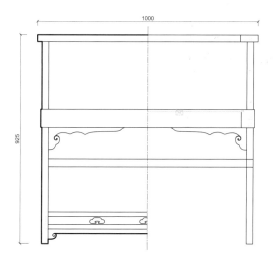

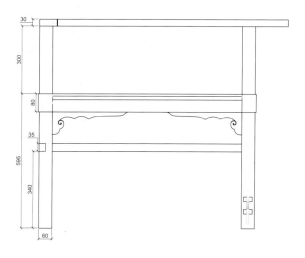

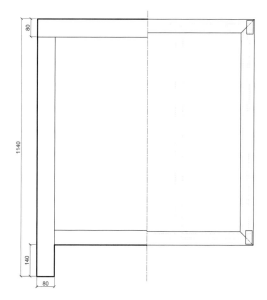

三视结构（CAD 图 1）

147

3. 用材效果

用材效果（材质：紫檀；效果图 2）

用材效果（材质：黄花梨；效果图 3）

用材效果（材质：红酸枝；效果图 4）

4. 结构爆炸

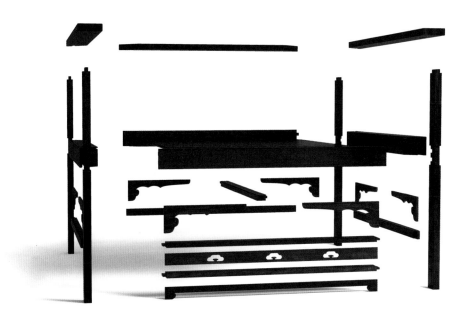

结构爆炸（效果图 5）

5. 部件示意

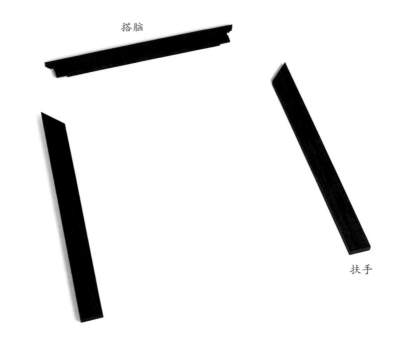

搭脑

扶手

部件示意—搭脑和扶手（效果图 6）

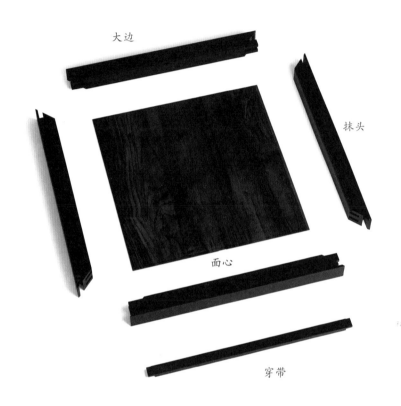

大边

抹头

面心

穿带

部件示意—座面（效果图7）

横枨（侧）

横枨（后）

部件示意—横枨（效果图 8）

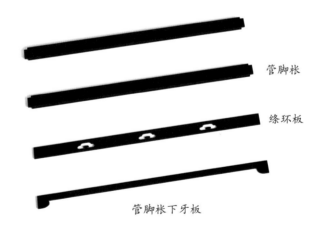

管脚枨

绦环板

管脚枨下牙板

部件示意—管脚枨和其他（效果图 9）

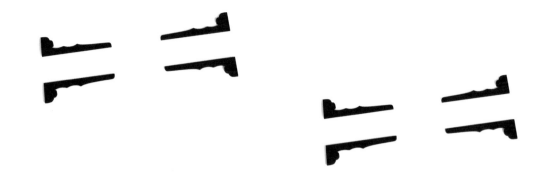

部件示意—角牙（效果图 10）

后腿

前腿

部件示意—腿子（效果图 11）

6. 细部详解

细部效果—座面（效果图 12）

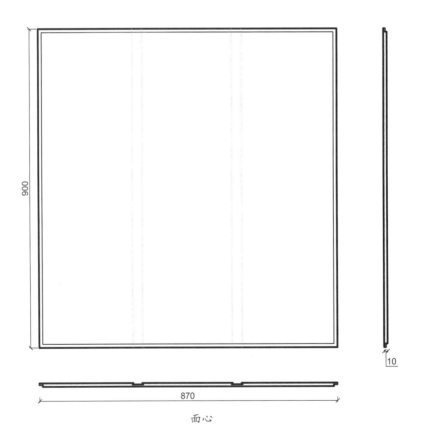

面心

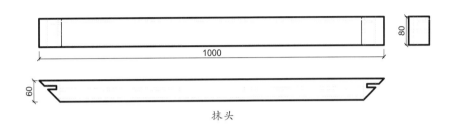

抹头

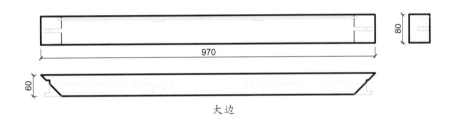

大边

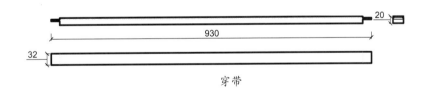

穿带

细部结构—座面（CAD 图 2 ~ 图 5）

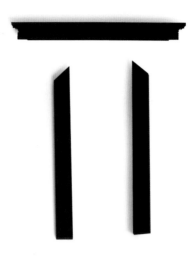

细部效果—搭脑和扶手（效果图 13）

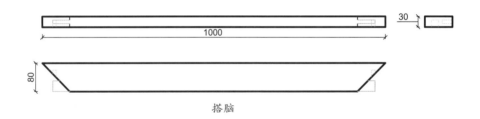

搭脑

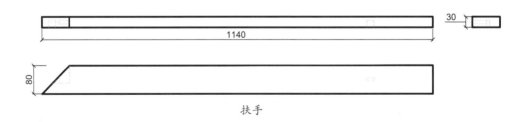

扶手

细部结构—搭脑和扶手（CAD 图 6 ~ 图 7）

细部效果—角牙（效果图 14）

细部结构—角牙（CAD 图 8）

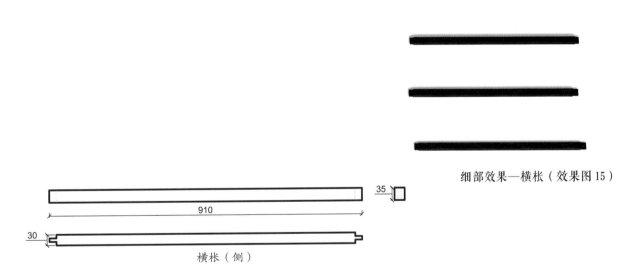

细部效果—横枨（效果图 15）

横枨（侧）

横枨（后）

细部结构—横枨（CAD 图 9 ~ 图 10）

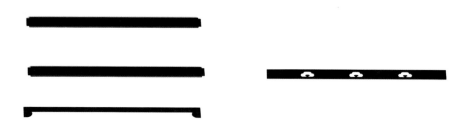

细部效果—管脚枨和其他（效果图 16）

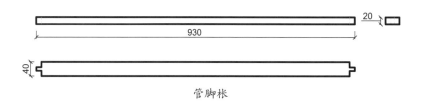

20

930

40

管脚枨

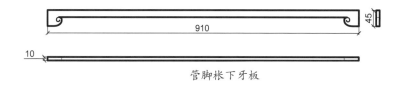

45

910

10

管脚枨下牙板

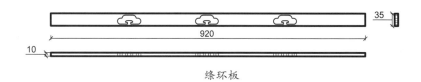

35

920

10

绦环板

细部结构—管脚枨和其他（CAD 图 11 ~ 图 13）

细部效果—腿子（效果图 17）

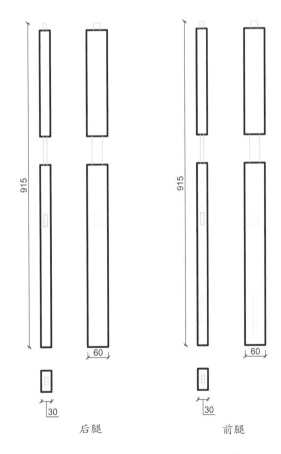

915

60

30

后腿

915

60

30

前腿

细部结构—腿子（CAD 图 14 ~ 图 15）

159

藤心禅椅

材质：黄花梨

年款：宋

整体外观（效果图 1）

1. 器形点评

　　此椅搭脑平直，靠背为两根竖楔条，其间安两根横枨。椅盘较宽大，落堂做，中安藤心。四腿为圆材，有侧脚，足端安管脚枨。此椅通体采用圆材，线条圆润，空灵轻盈。

2. CAD 图示

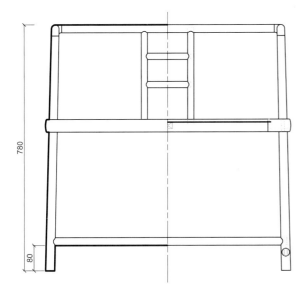

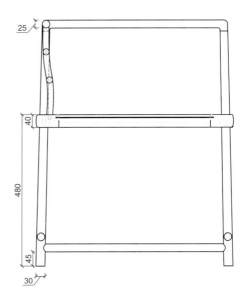

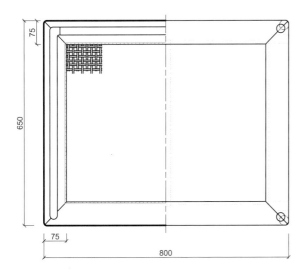

三视结构（CAD 图 1）

161

3. 用材效果

用材效果（材质：紫檀；效果图2）

用材效果（材质：黄花梨；效果图3）

用材效果（材质：红酸枝；效果图4）

4. 结构爆炸

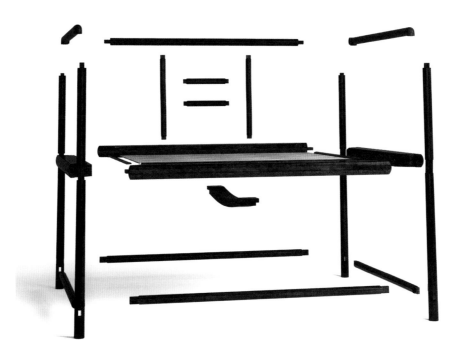

结构爆炸（效果图 5）

5. 部件示意

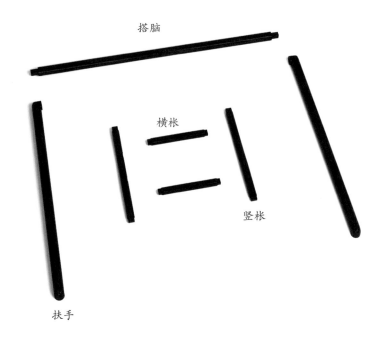

搭脑

横枨

竖枨

扶手

部件示意—靠背和扶手（效果图 6）

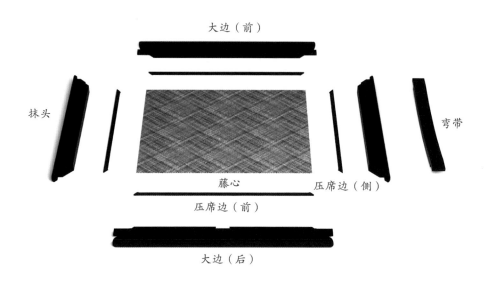

大边（前）

抹头

弯带

藤心

压席边（侧）

压席边（前）

大边（后）

部件示意—座面（效果图 7）

164

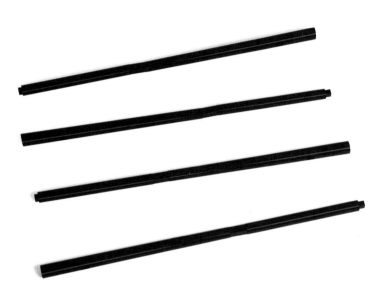

部件示意—腿子（效果图 8）

管脚枨（侧）

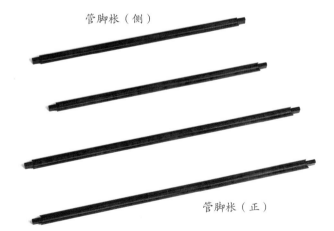

管脚枨（正）

部件示意—管脚枨（效果图 9）

6. 细部详解

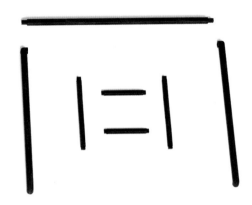

细部效果—靠背和扶手（效果图10）

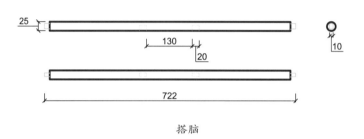

搭脑

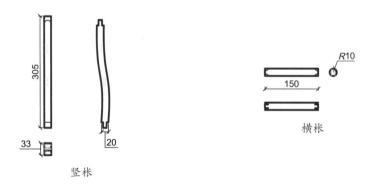

竖枨

横枨

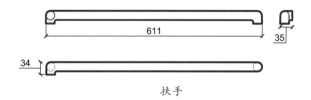

扶手

细部结构—靠背和扶手（CAD 图 2 ~ 图 5）

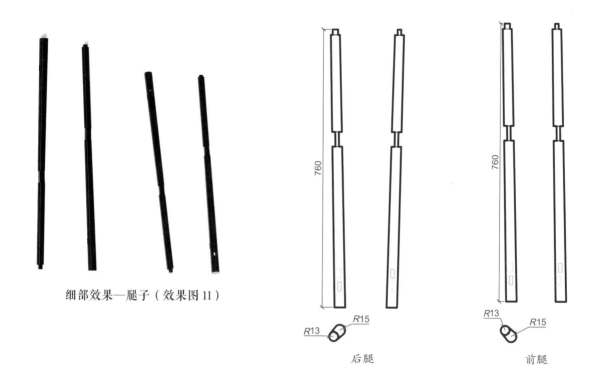

细部效果—腿子（效果图 11）

R13　R15

后腿

R13　R15

前腿

细部结构—腿子（CAD 图 6 ~ 图 7）

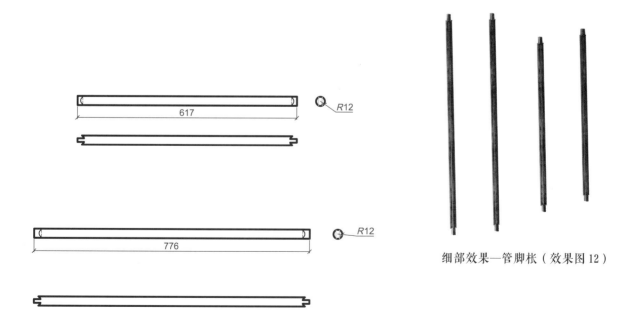

617

R12

776

R12

细部效果—管脚枨（效果图 12）

细部结构—管脚枨（CAD 图 8 ~ 图 9）

细部效果—座面（效果图 13）

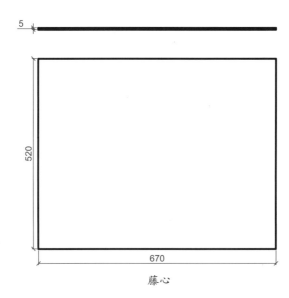

藤心

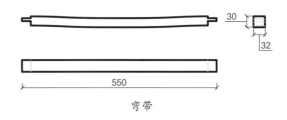

弯带

大边（前）

大边（后）

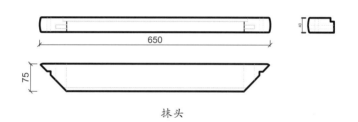

抹头

压席边（正）

压席边（侧）

细部结构—座面（CAD 图 10 ~ 图 16）

卷书式搭脑七屏式扶手椅

材质：红酸枝

年款：清

整体外观（效果图1）

1. 器形点评

此椅通体采用圆材制作，靠背围子和扶手围子仿窗棂灯笼锦式，共七屏，中间最高，两侧渐低。靠背正中搭脑顶端做出卷书式。座面之下装矮老，下接罗锅枨。四腿为圆材，直落到地，足底又做出圆形柱础状。足端安四面平管脚枨，正面管脚枨下又安罗锅枨，两侧及后面罗锅枨下安云纹角牙。此椅造型空灵圆润，巧妙地借鉴建筑装修灯笼锦的做法，让此椅装饰上显得丰富、疏密有度、饶有趣味。

2. CAD 图示

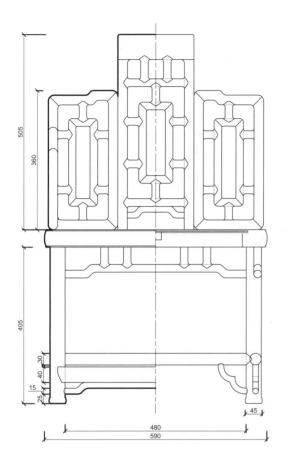

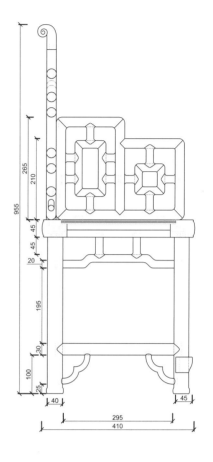

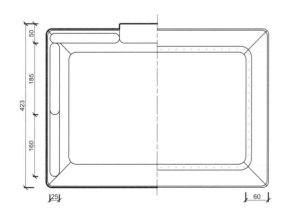

三视结构（CAD 图 1）

3. 用材效果

用材效果（材质：紫檀；效果图 2）

用材效果（材质：黄花梨；效果图 3）

用材效果（材质：红酸枝；效果图 4）

4. 结构爆炸

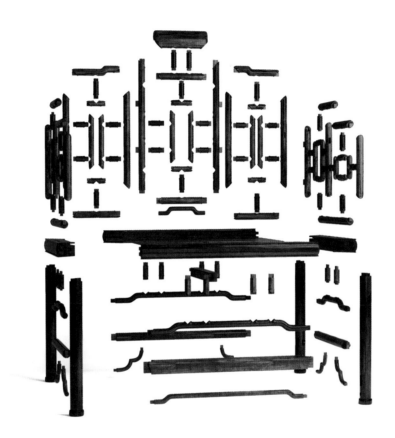

结构爆炸（效果图 5）

5. 部件示意

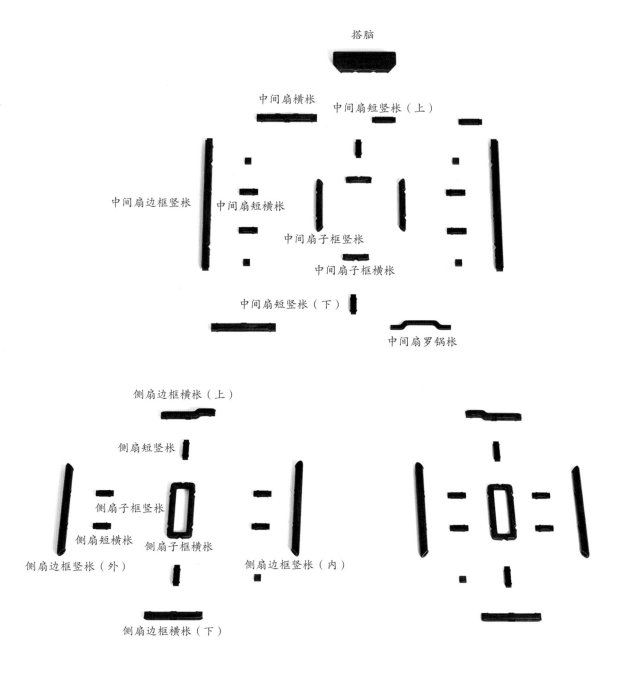

搭脑

中间扇横枨　　中间扇短竖枨（上）

中间扇边框竖枨　　中间扇短横枨

中间扇子框竖枨

中间扇子框横枨

中间扇短竖枨（下）

中间扇罗锅枨

侧扇边框横枨（上）

侧扇短竖枨

侧扇子框竖枨

侧扇短横枨　　侧扇子框横枨

侧扇边框竖枨（外）　　侧扇边框竖枨（内）

侧扇边框横枨（下）

部件示意—靠背围子（效果图 6）

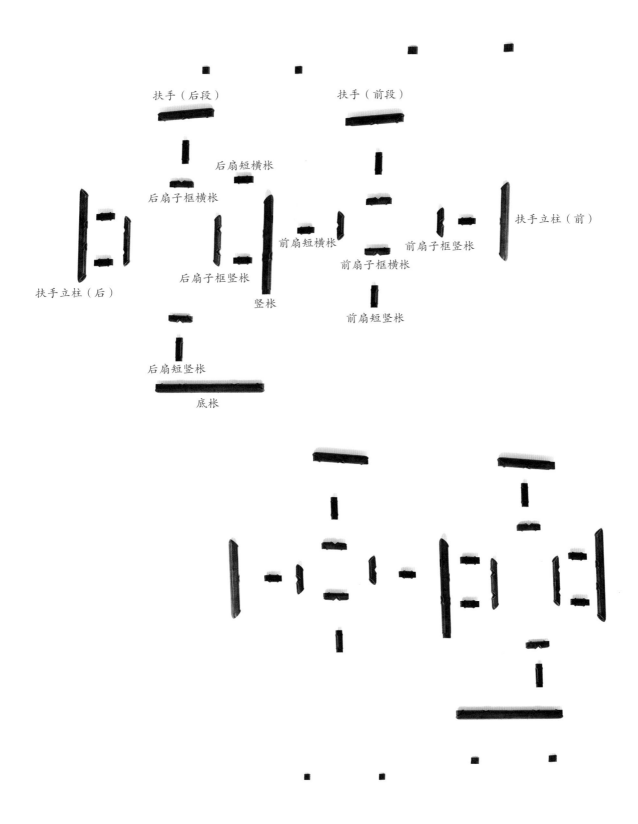

扶手（后段）　　　　　扶手（前段）

后扇短横枨

后扇子框横枨

扶手立柱（前）

前扇短横枨

前扇子框竖枨

后扇子框竖枨　　　前扇子框横枨

竖枨

扶手立柱（后）

前扇短竖枨

后扇短竖枨

底枨

部件示意—扶手围子（效果图7）

175

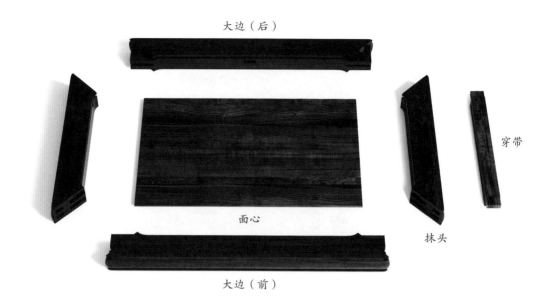

大边（后）

穿带

面心

抹头

大边（前）

部件示意—座面（效果图 8）

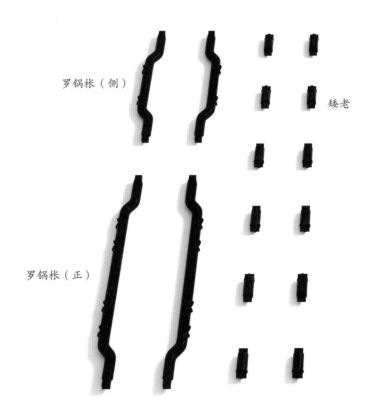

罗锅枨（侧）

矮老

罗锅枨（正）

部件示意—罗锅枨和矮老（效果图 9）

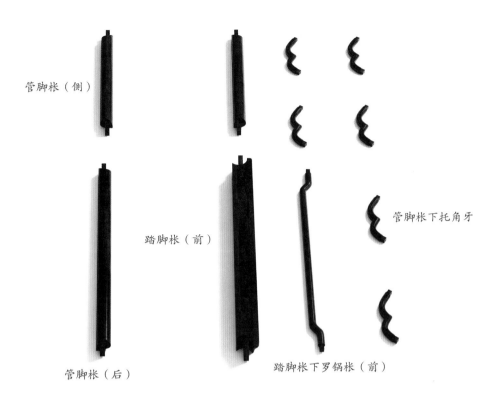

管脚枨（侧）

踏脚枨（前）

管脚枨（后）

管脚枨下托角牙

踏脚枨下罗锅枨（前）

部件示意—管脚枨和其他（效果图10）

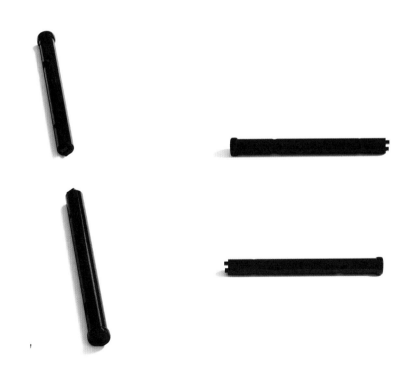

部件示意—腿子（效果图11）

177

6. 细部详解

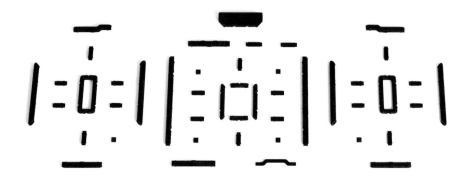

细部效果—靠背围子（效果图12）

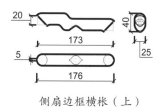

侧扇边框横枨（上）

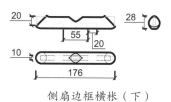

侧扇边框横枨（下）

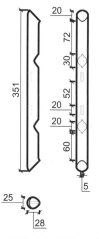

侧扇边框竖枨（外）

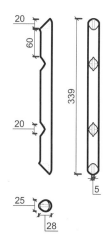

侧扇边框竖枨（内）

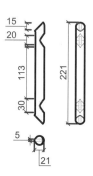

侧扇子框竖枨

侧扇子框横枨

侧扇短横枨

侧扇短竖枨

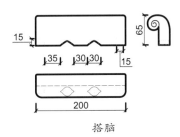

搭脑

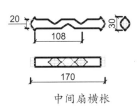

中间扇横枨

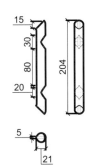

中间扇子框竖枨

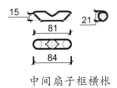

中间扇子框横枨

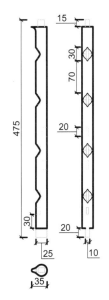

中间扇边框竖枨

中间扇短竖枨（上）

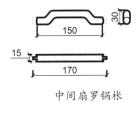

中间扇罗锅枨

中间扇短竖枨（下）

中间扇短横枨

细部结构—靠背围子（CAD图2～图18）

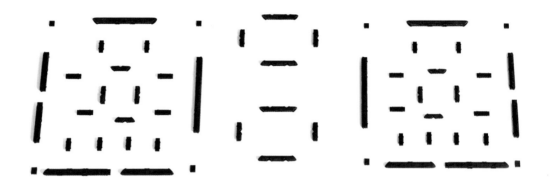

细部效果—扶手围子（效果图13）

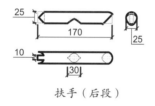

扶手（后段）

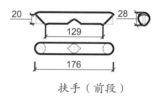

扶手（前段）

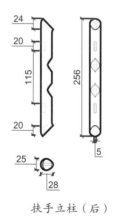

扶手立柱（后）

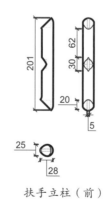

扶手立柱（前）

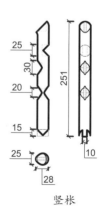

竖枨

后扇子框竖枨

前扇子框竖枨

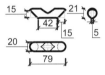

后扇子框横枨

前扇子框横枨

后扇短竖枨

前扇短竖枨

后扇短横枨

前扇短横枨

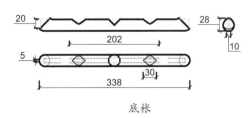

底枨

细部结构—扶手围子（CAD 图 19 ~ 图 32）

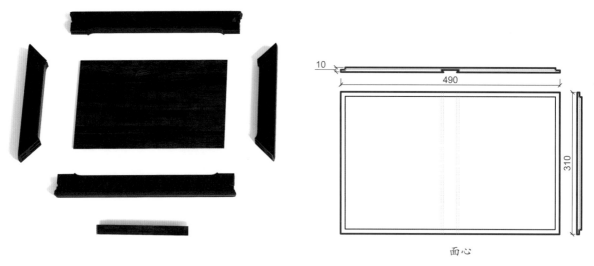

面心

细部效果—座面（效果图 14）

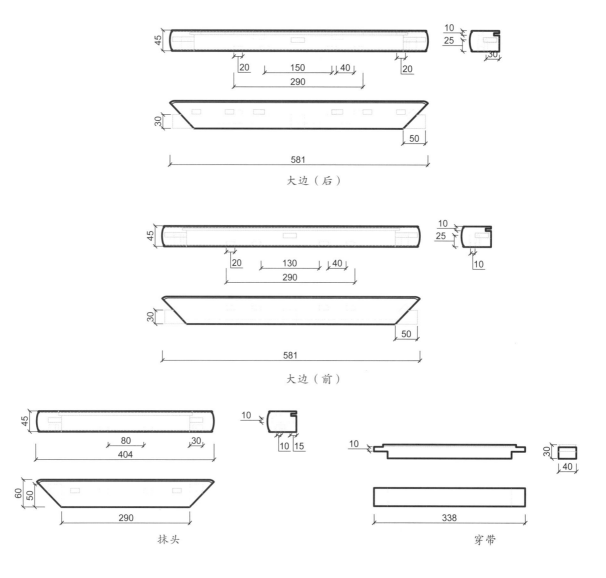

大边（后）

大边（前）

抹头

穿带

细部结构—座面（CAD 图 33 ~ 图 37）

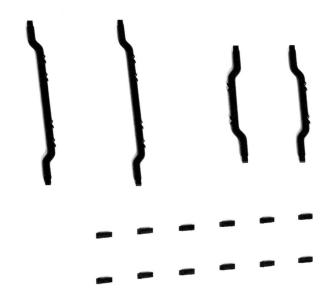

细部效果—罗锅椽和矮老（效果图 15）

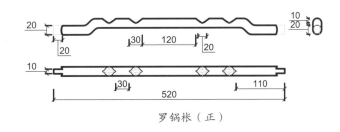

罗锅椽（正）

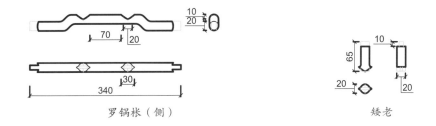

罗锅椽（侧）　　　　　　　　　矮老

细部结构—罗锅椽和矮老（CAD 图 38 ～ 图 40）

细部效果—管脚枨和其他（效果图 16）

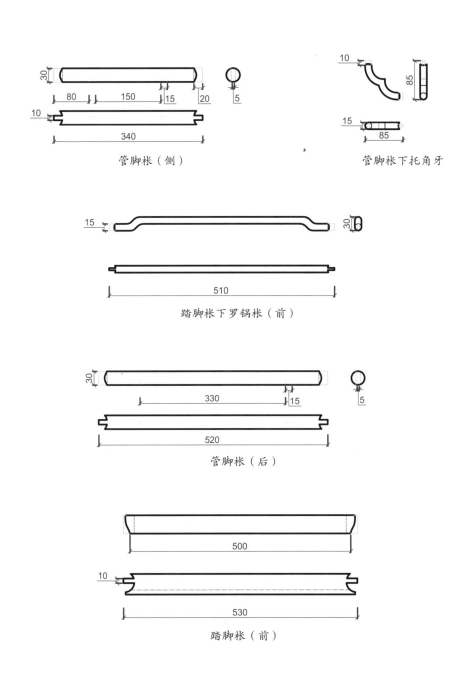

管脚枨（侧）

管脚枨下托角牙

踏脚枨下罗锅枨（前）

管脚枨（后）

踏脚枨（前）

细部结构—管脚枨和其他（CAD 图 41 ~ 图 45）

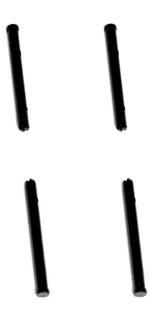

细部效果—腿子（效果图 17）

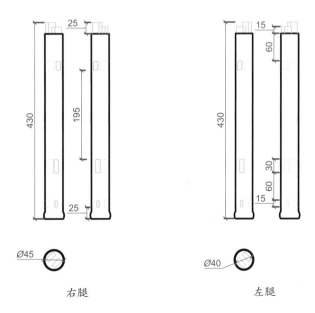

右腿　　　　　　　　　左腿

细部结构—腿子（CAD 图 46 ~ 图 47）

云纹高靠背扶手椅

<u>材质：紫檀</u>

<u>丰款：清</u>

整体外观（效果图1）

1. 器形点评

此椅设计精巧，靠背高起，搭脑呈卷书式，两侧扶手椅圈形成合围之状，终止于靠背板边框。靠背板正中空透，安双竖棂栅栏，上下有如意云头。座面装藤心，下有束腰。四腿略呈三弯腿样式，腿上部与洼堂肚牙板相交处装有透雕拐子纹角牙，足端雕成外翻马蹄足。此扶手椅在设计上别出新意，多处采用弧形弯材制作，有圆润柔婉之致，栅栏式靠背加上云纹装饰如点睛之笔，让此椅显得灵韵生动。

2. CAD 图示

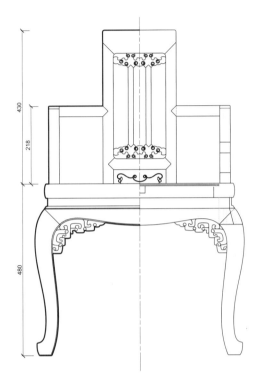

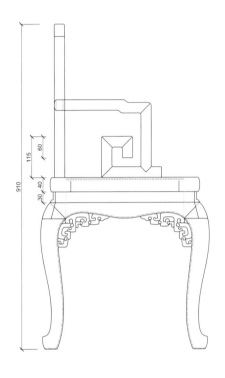

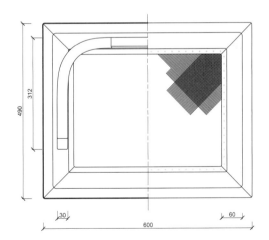

靠背云纹装饰板大样图

亮脚大样图

角牙大样图

主视图	左视图
俯视图	细节图

三视结构（CAD 图 1）

3. 用材效果

用材效果（材质：紫檀；效果图 2）

用材效果（材质：黄花梨；效果图 3）

用材效果（材质：红酸枝；效果图 4）

4. 结构爆炸

结构爆炸（效果图5）

5. 部件示意

搭脑

如意云头装饰

竖棂条

靠背边框

横枨

亮脚

部件示意—靠背（效果图 6）

束腰（正）

束腰（侧）

部件示意—束腰（效果图 7）

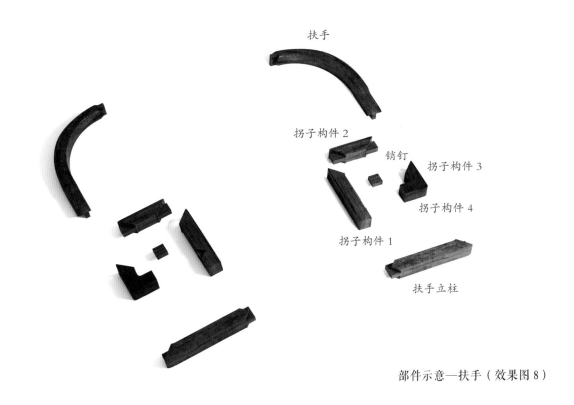

扶手

拐子构件 2

销钉

拐子构件 3

拐子构件 4

拐子构件 1

扶手立柱

部件示意—扶手（效果图 8）

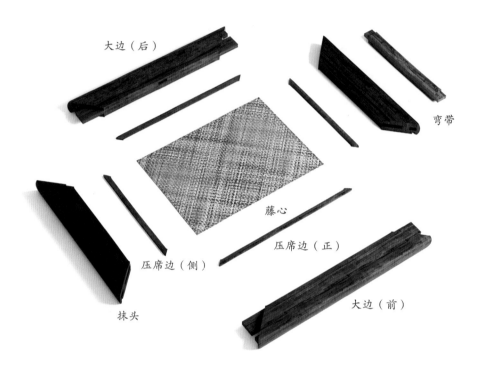

大边（后）

弯带

藤心

压席边（侧）

压席边（正）

抹头

大边（前）

部件示意—座面（效果图 9）

192

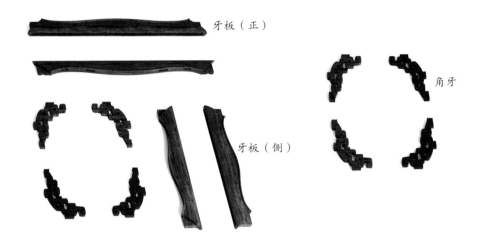

牙板（正）

角牙

牙板（侧）

部件示意—牙子（效果图10）

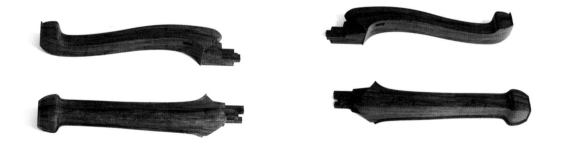

部件示意—腿子（效果图11）

6. 细部详解

细部效果—靠背（效果图 12 ）

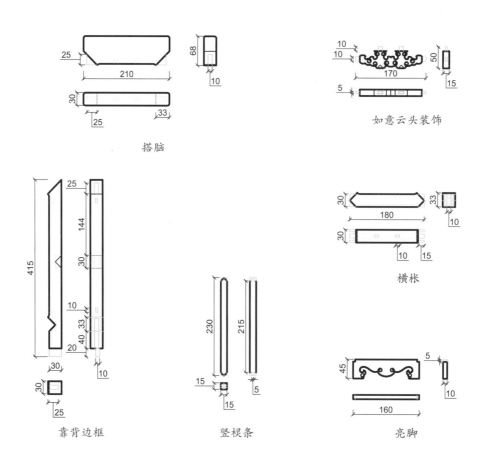

搭脑

如意云头装饰

靠背边框

竖棍条

横枨

亮脚

细部效果—扶手（效果图 13）

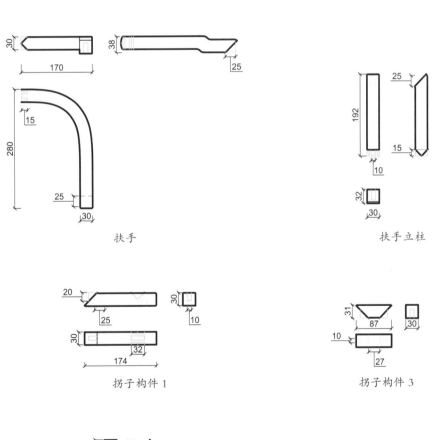

扶手

扶手立柱

拐子构件 1

拐子构件 3

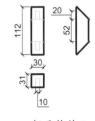

拐子构件 2

拐子构件 4

细部结构—扶手（CAD 图 8 ~ 图 13）

细部效果—座面（效果图 14）

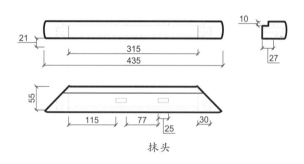

抹头

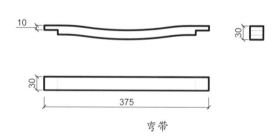

弯带

压席边（正）

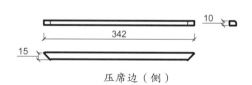

压席边（侧）

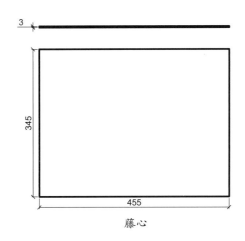

藤心

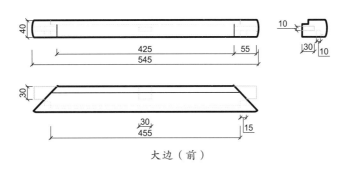

大边（前）

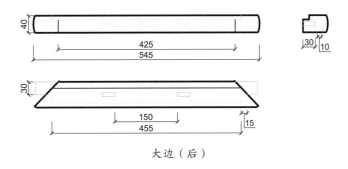

大边（后）

细部结构—座面（CAD 图 14 ~ 图 20）

细部效果—束腰（效果图 15）

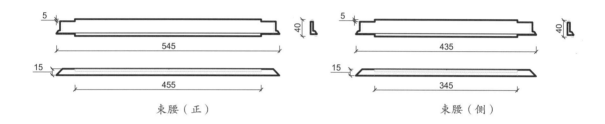

束腰（正）

束腰（侧）

细部结构—束腰（CAD 图 21 ~ 图 22）

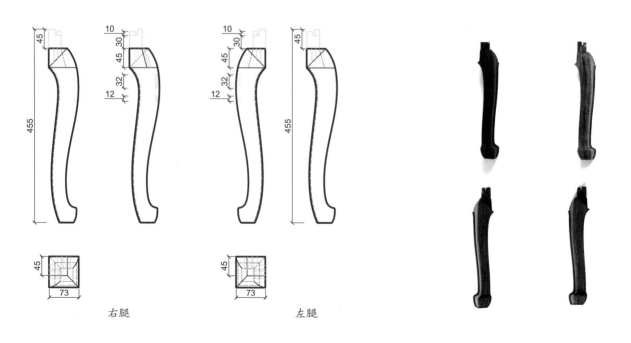

右腿

左腿

细部结构—腿子（CAD 图 23 ~ 图 24）

细部效果—腿子（效果图 16）

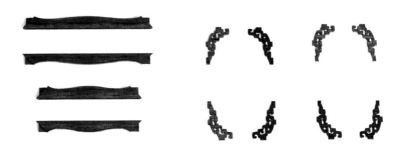

细部效果—牙子（效果图 17）

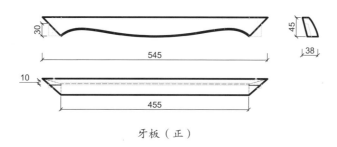

牙板（正）

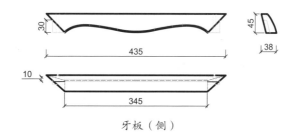

牙板（侧）

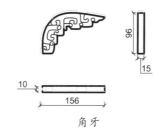

角牙

细部结构—牙子（CAD 图 25 ~ 图 27）

竹节纹扶手椅

材质：黄花梨

年款：清

整体外观（效果图1）

1. 器形点评

　　此椅靠背、扶手及椅腿均采用圆材制作，通体雕竹节纹。靠背板自上而下分三段攒成，形成三个长方形圈口。两侧扶手攒拐子纹。座面光滑平直，座面边沿雕竹节纹，下有罗锅枨相承。四条腿为圆材直腿，直落到地，足端装四面平管脚枨。整体造型清新雅致，仿江南竹家具造型，线条纤细，具有苏式家具的风格。

2. CAD 图示

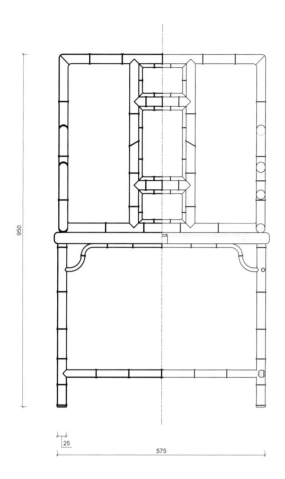

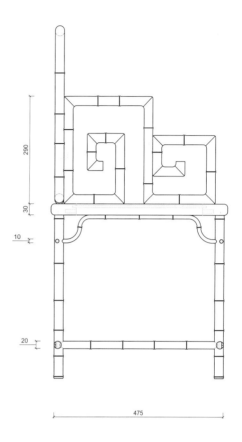

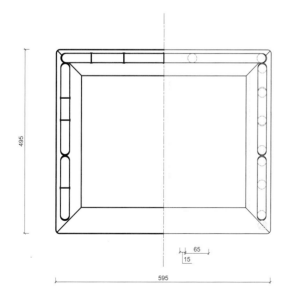

3. 用材效果

用材效果（材质：紫檀；效果图 2）

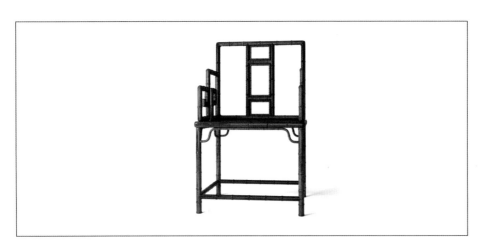

用材效果（材质：黄花梨；效果图 3）

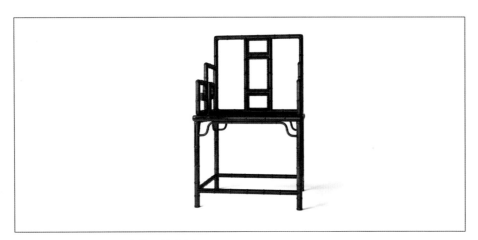

用材效果（材质：红酸枝；效果图 4）

4. 结构爆炸

结构爆炸（效果图 5）

5. 部件示意

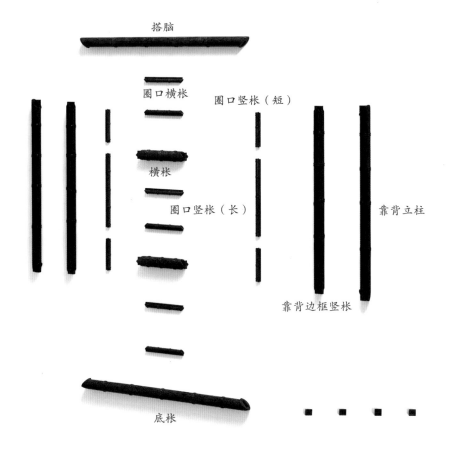

搭脑

圈口横枨

圈口竖枨（短）

横枨

圈口竖枨（长）

靠背立柱

靠背边框竖枨

底枨

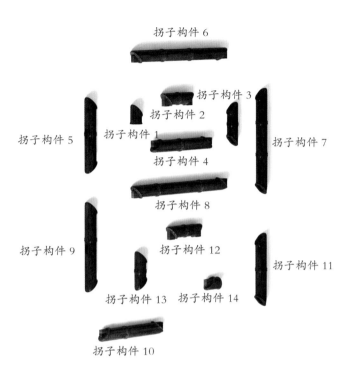

拐子构件 6

拐子构件 3

拐子构件 2

拐子构件 5 拐子构件 1

拐子构件 7

拐子构件 4

拐子构件 8

拐子构件 9 拐子构件 12

拐子构件 11

拐子构件 13 拐子构件 14

拐子构件 10

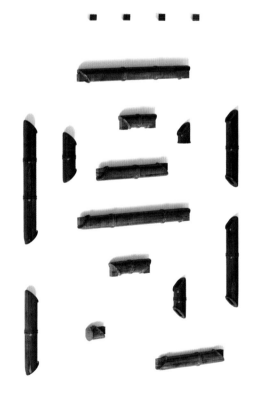

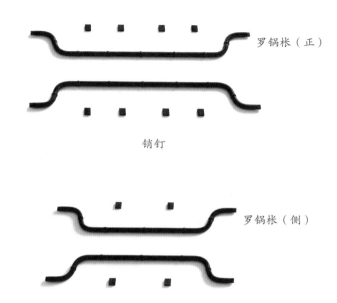

罗锅枨（正）

销钉

罗锅枨（侧）

部件示意—罗锅枨（效果图 8）

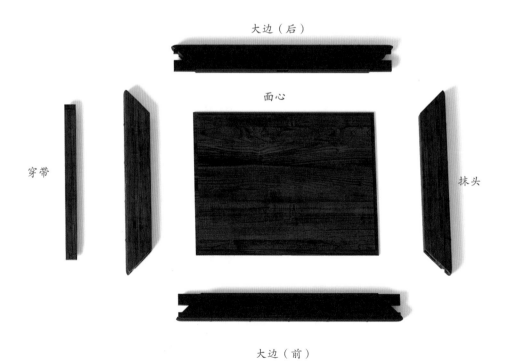

大边（后）

面心

穿带

抹头

大边（前）

部件示意—座面（效果图 9）

206

部件示意—腿子（效果图10）

管脚枨（正）

管脚枨（侧）

部件示意—管脚枨（效果图11）

6.细部详解

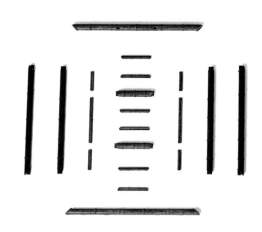

细部效果—靠背（效果图 12）

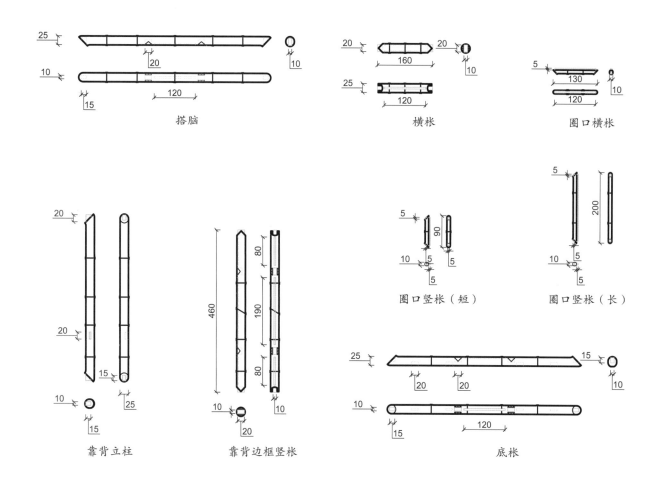

搭脑

横枨

圈口横枨

靠背立柱

靠背边框竖枨

圈口竖枨（短）

圈口竖枨（长）

底枨

细部结构—靠背（CAD 图 2 ~ 图 9）

细部效果—座面（效果图13）

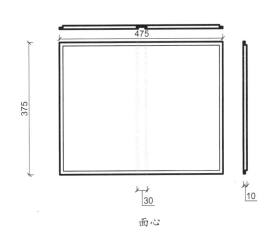

面心

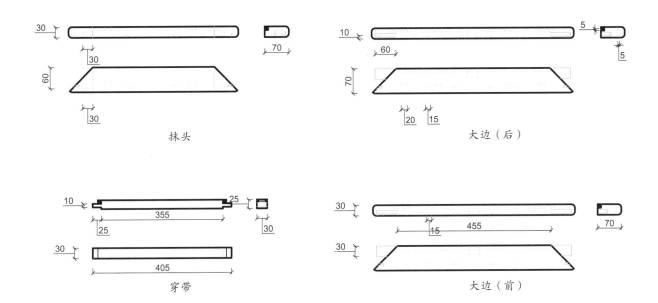

抹头

大边（后）

穿带

大边（前）

细部结构—座面（CAD图10～图14）

209

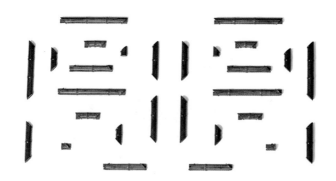

细部效果—扶手（效果图 14）

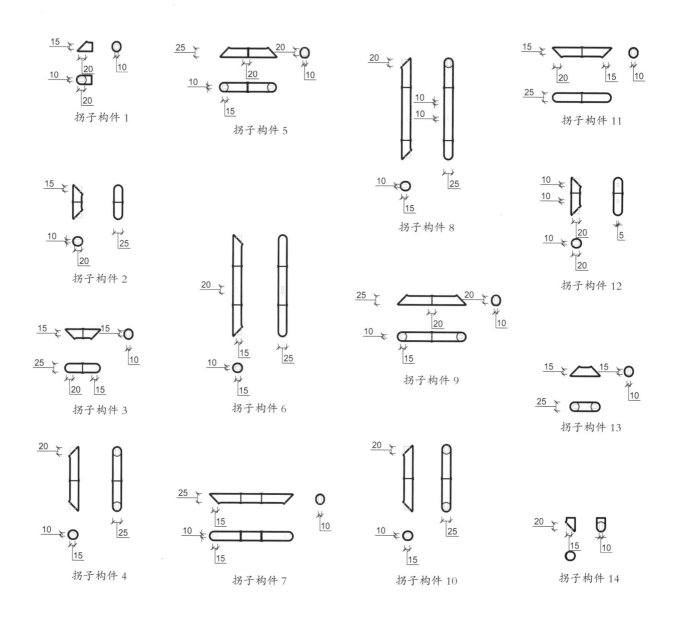

拐子构件 1

拐子构件 5

拐子构件 11

拐子构件 2

拐子构件 8

拐子构件 12

拐子构件 3

拐子构件 6

拐子构件 9

拐子构件 13

拐子构件 4

拐子构件 7

拐子构件 10

拐子构件 14

细部结构—扶手（CAD 图 15 ~ 图 28）

细部效果—罗锅枨（效果图 15）

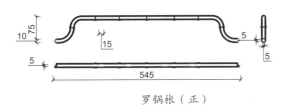

罗锅枨（正）

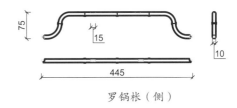

罗锅枨（侧）

细部结构—罗锅枨（CAD 图 29 ~ 图 30）

细部效果—管脚枨（效果图 16）

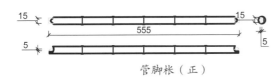

管脚枨（正）

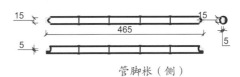

管脚枨（侧）

细部结构—管脚枨（CAD 图 31 ~ 图 32）

细部效果—腿子（效果图 17）

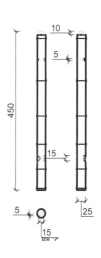

细部结构—腿子（CAD 图 33）

蝠磬纹扶手椅

材质：黄花梨

年款：清

整体外观（效果图1）

1. 器形点评

  此扶手椅的搭脑呈波形，中间凹，然后向两侧上沿鼓出后下弯。搭脑两端与后靠背立柱格角榫相接。靠背边框内侧装透雕花牙子框，靠背板浮雕蝠磬纹。两侧扶手边框内嵌装两个雕花圈口，以中间的立柱隔开。座面平滑，冰盘沿线脚，座面下为云纹牙板，牙板与四腿相交处装透雕角牙。四腿为方材，直落到地。足端装四面平管脚枨，枨下四角装透雕角牙。

2. CAD 图示

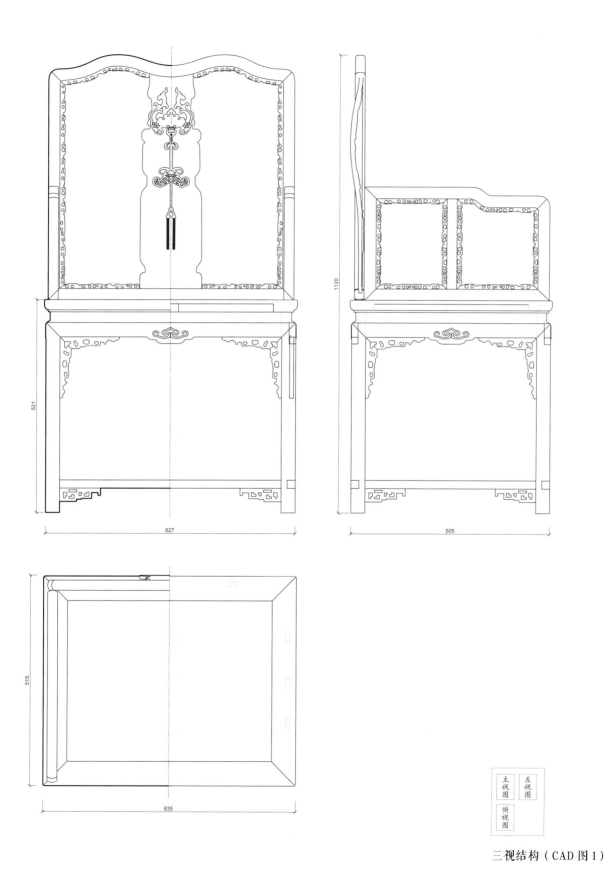

3. 用材效果

用材效果（材质：紫檀；效果图 2）

用材效果（材质：黄花梨；效果图 3）

用材效果（材质：红酸枝；效果图 4）

4. 结构爆炸

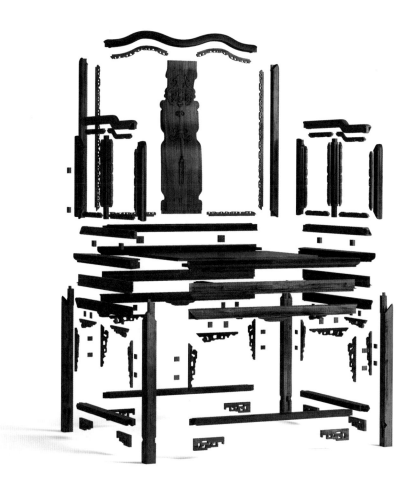

结构爆炸（效果图 5）

5. 部件示意

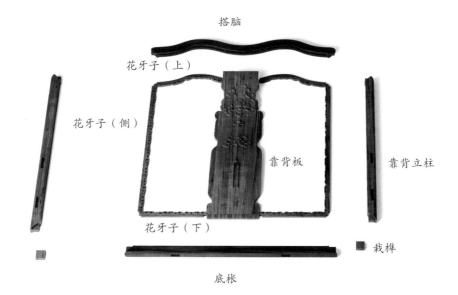

搭脑

花牙子（上）

花牙子（侧）

靠背板

靠背立柱

花牙子（下）

栽榫

底枨

部件示意—靠背（效果图 6）

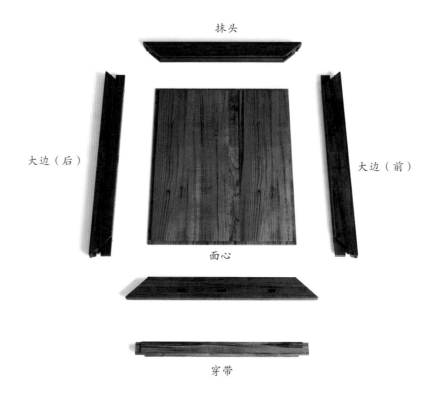

抹头

大边（后）

大边（前）

面心

穿带

部件示意—座面（效果图 7）

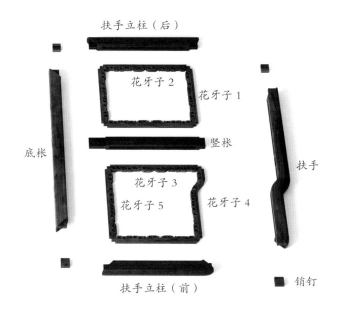

扶手立柱（后）

花牙子 2　　花牙子 1

底枨　　竖枨　　扶手

花牙子 3
花牙子 5　　花牙子 4

扶手立柱（前）　　销钉

部件示意—扶手（效果图 8）

217

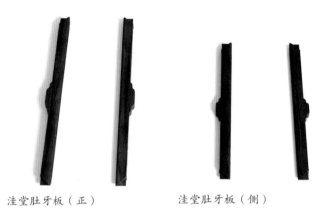

洼堂肚牙板（正）　　　　　洼堂肚牙板（侧）

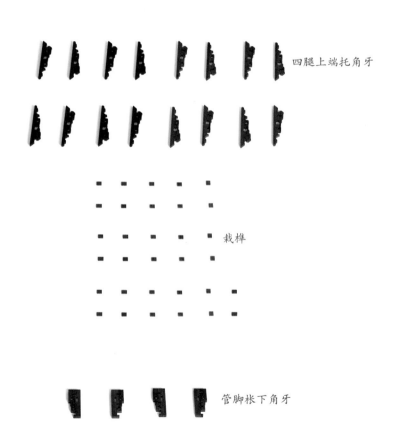

四腿上端托角牙

栽榫

管脚枨下角牙

部件示意—牙子（效果图 9）

束腰（正）　　　　　　　　　束腰（侧）

部件示意—束腰（效果图 10）

管脚枨（侧）　　　　　　　　管脚枨（正）

部件示意—管脚枨（效果图 11）

部件示意—腿子（效果图 12）

219

6. 细部详解

细部效果—靠背（效果图 13）

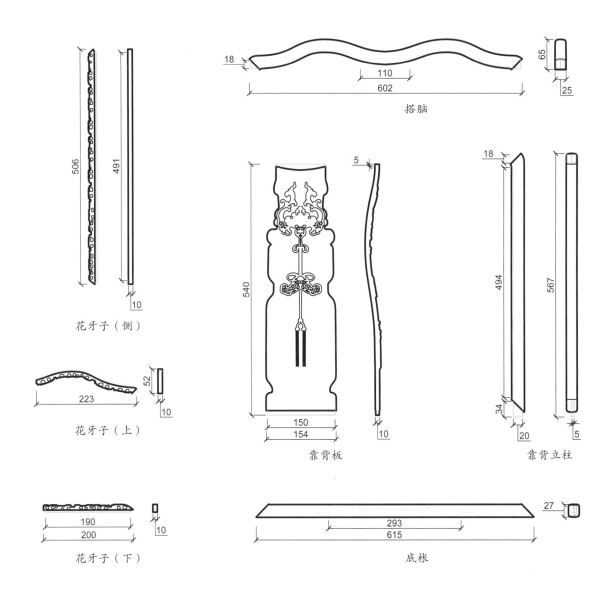

花牙子（侧）

花牙子（上）

花牙子（下）

搭脑

靠背板

靠背立柱

底枨

细部效果—扶手（效果图14）

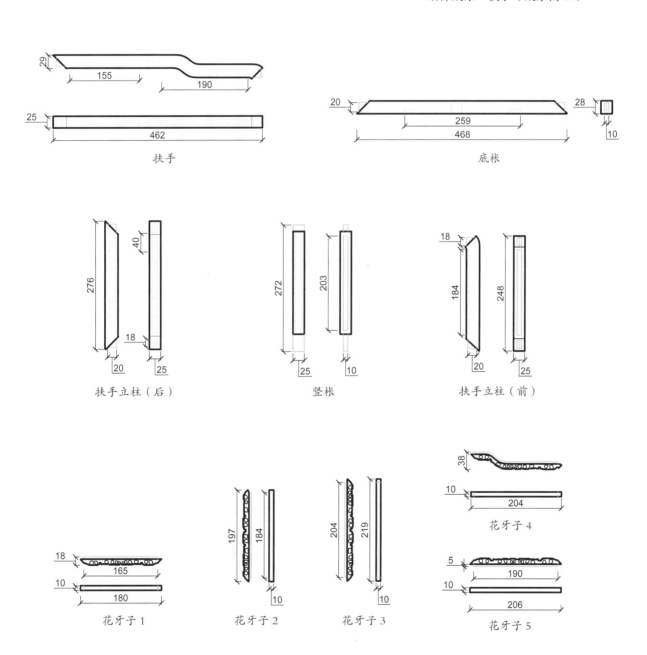

扶手

底枨

扶手立柱（后）

竖枨

扶手立柱（前）

花牙子1

花牙子2

花牙子3

花牙子4

花牙子5

细部结构—扶手（CAD 图 9 ~ 图 18）

细部效果—座面（效果图 15）

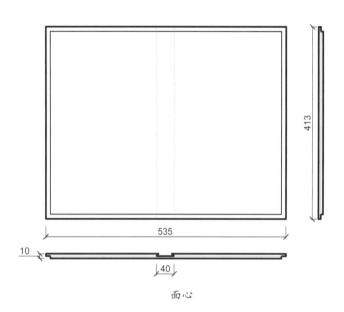

面心

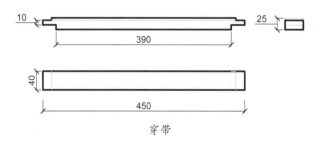

穿带

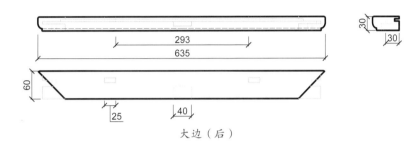

大边（后）

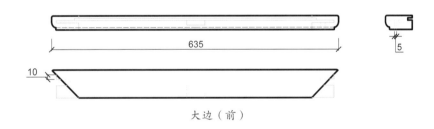

大边（前）

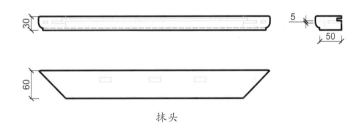

抹头

细部结构—座面（CAD 图 19 ～ 图 23）

细部效果—牙子（效果图 16）

洼堂肚牙板（正）

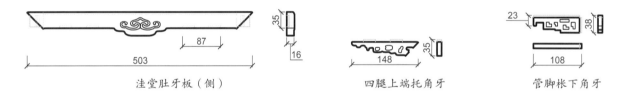

洼堂肚牙板（侧）

四腿上端托角牙

管脚枨下角牙

细部结构—牙子（CAD 图 24 ~ 图 27）

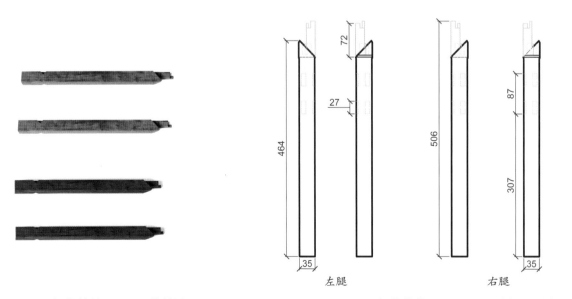

左腿

右腿

细部效果—腿子（效果图 17）

细部结构—腿子（CAD 图 28 ~ 图 29）

细部效果—束腰（效果图 18）

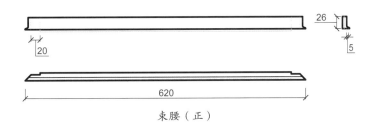

束腰（正）

束腰（侧）

细部结构—束腰（CAD 图 30 ~ 图 31）

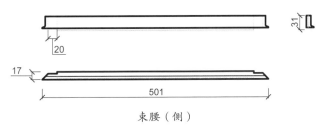

细部效果—管脚枨（效果图 19）

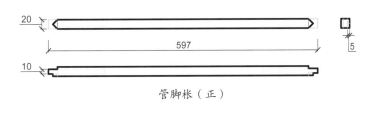

管脚枨（正）

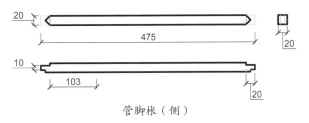

管脚枨（侧）

细部结构—管脚枨（CAD 图 32 ~ 图 33）

蝠芝拐子纹扶手椅

材质：紫檀

年款：清

整体外观（效果图1）

1. 器形点评

　　此扶手椅的搭脑呈波形，中间凹，两端高起又向下，搭脑两端与靠背立柱以格角榫衔接。靠背立柱边框上端起云纹翘，靠背板浮雕蝙蝠灵芝拐子纹。两侧扶手边框内以攒拐子纹做联帮棍。座面之下有直牙板，其下装透雕拐子纹牙条，牙头较长。四腿为方材，直落到地，足端装四面平管脚枨，枨下又安洼堂肚牙板。

226

2. CAD 图示

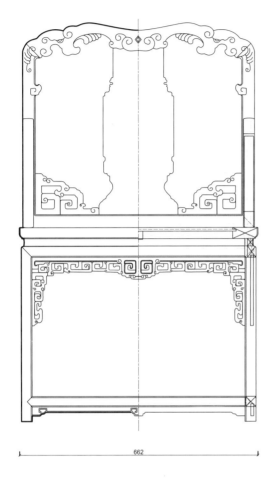

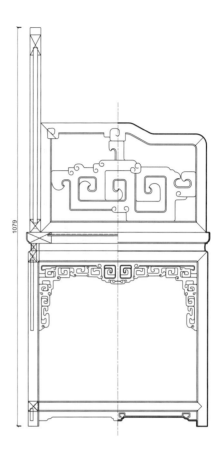

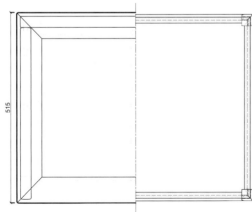

三视结构（CAD 图 1）

注：视图中部分纹饰略去。

3. 用材效果

用材效果（材质：紫檀；效果图 2）

用材效果（材质：黄花梨；效果图 3）

用材效果（材质：红酸枝；效果图 4）

4. 结构爆炸

结构爆炸（效果图 5）

5. 部件示意

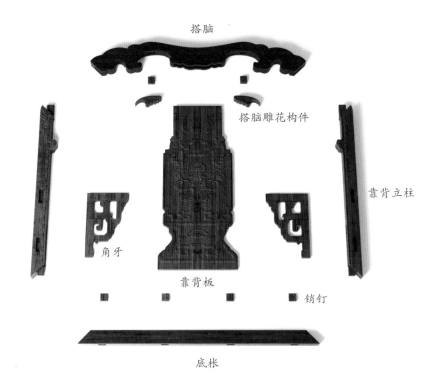

搭脑

搭脑雕花构件

靠背立柱

角牙

靠背板

销钉

底枨

部件示意—靠背（效果图 6）

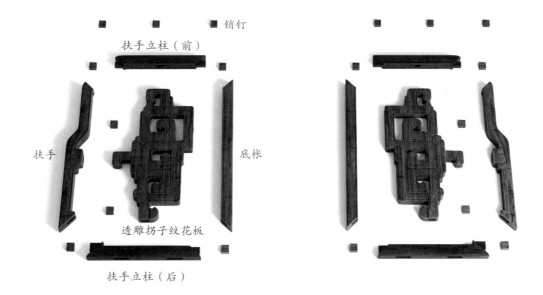

销钉

扶手立柱（前）

扶手

底枨

透雕拐子纹花板

扶手立柱（后）

部件示意—扶手（效果图7）

大边（前）

抹头

穿带

面心

大边（后）

部件示意—座面（效果图8）

231

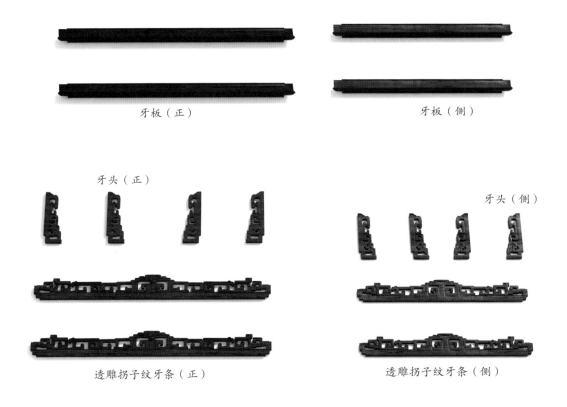

牙板（正）　　　　　　　　　　　　　　　　　牙板（侧）

牙头（正）

牙头（侧）

透雕拐子纹牙条（正）　　　　　　　透雕拐子纹牙条（侧）

部件示意—牙子（效果图 9）

束腰（正）　　　　　　　　　　　　　束腰（侧）

部件示意—束腰（效果图 10）

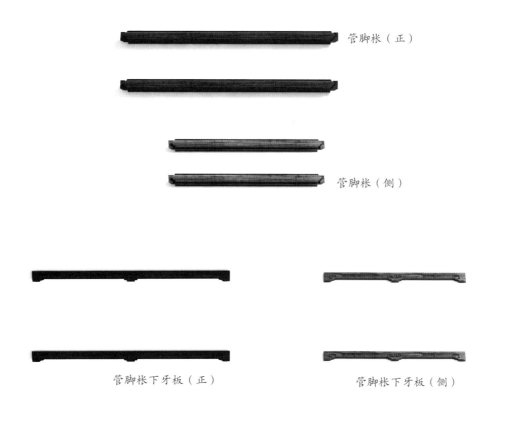

管脚枨（正）

管脚枨（侧）

管脚枨下牙板（正）

管脚枨下牙板（侧）

部件示意—管脚枨和其下牙板（效果图 11）

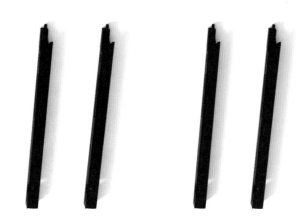

部件示意—腿子（效果图 12）

233

6. 细部详解

细部效果—靠背（效果图 13）

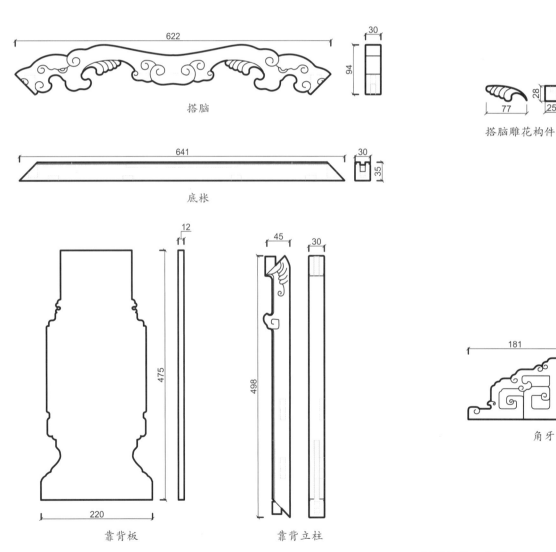

搭脑

搭脑雕花构件

底枨

靠背板

靠背立柱

角牙

细部结构—靠背（CAD 图 2 ~ 图 7）

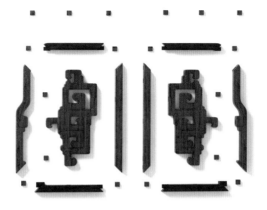

细部效果—扶手（效果图 14）

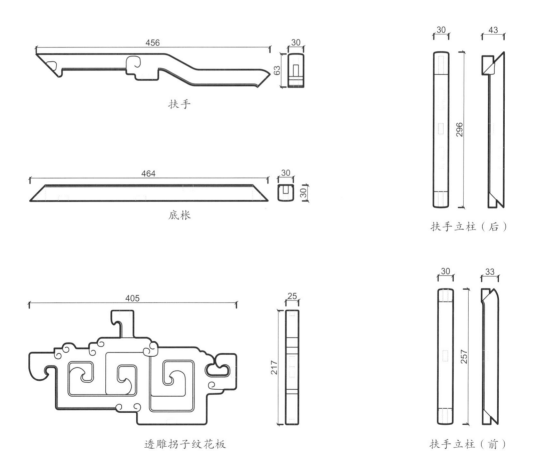

456

30

63

扶手

464

30

30

底枨

30

43

296

扶手立柱（后）

405

25

217

透雕拐子纹花板

30

33

257

扶手立柱（前）

细部结构—扶手（CAD 图 8 ~ 图 12）

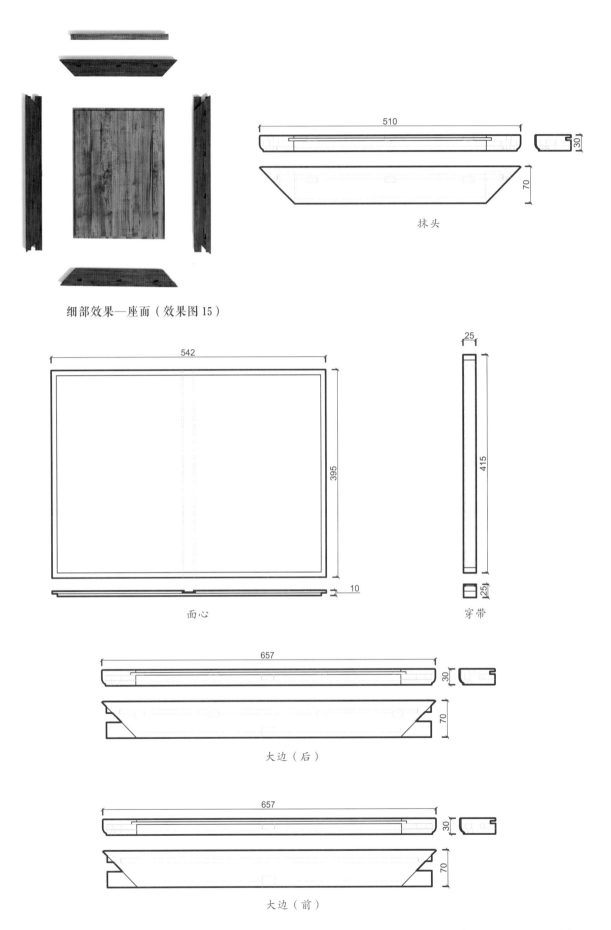

细部效果—座面（效果图 15）

抹头

面心

穿带

大边（后）

大边（前）

细部结构—座面（CAD 图 13 ~ 图 17）

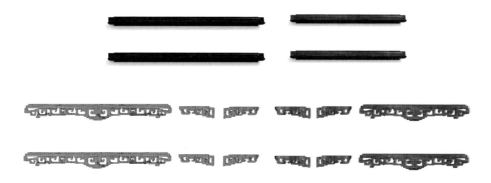

细部效果—牙子（效果图 16）

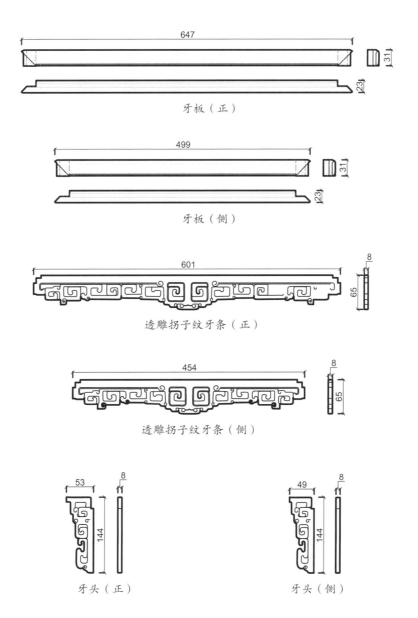

牙板（正）

牙板（侧）

透雕拐子纹牙条（正）

透雕拐子纹牙条（侧）

牙头（正）

牙头（侧）

细部结构—牙子（CAD 图 18 ~ 图 23）

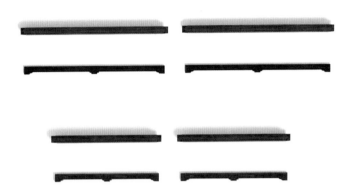

细部效果—管脚枨和其下牙板（效果图 17）

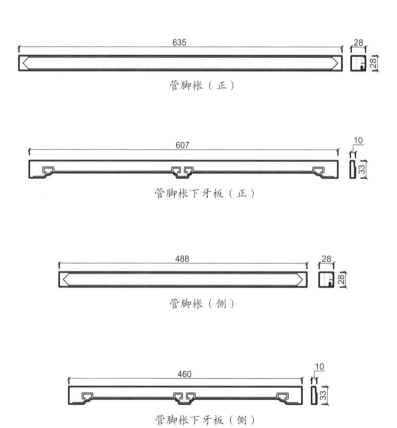

管脚枨（正）

管脚枨下牙板（正）

管脚枨（侧）

管脚枨下牙板（侧）

细部结构—管脚枨和其下牙板（CAD 图 24 ~ 图 27）

细部效果—束腰（效果图 18）

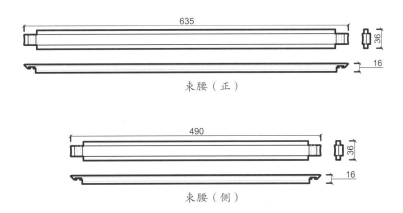

635

36

16

束腰（正）

490

36

16

束腰（侧）

细部结构—束腰（CAD 图 28 ~ 图 29）

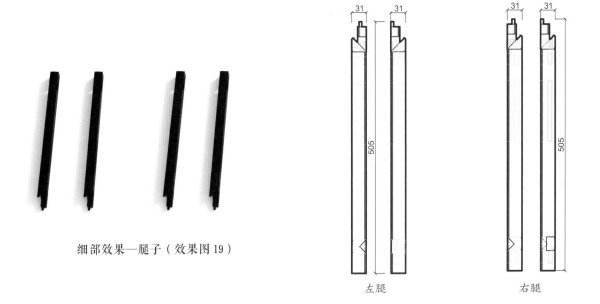

细部效果—腿子（效果图 19）

31 31 31 31

505 505

左腿 右腿

细部结构—腿子（CAD 图 30 ~ 图 31）

239

攒拐子纹高靠背扶手椅

材质：紫檀

年款：清

整体外观（效果图1）

1.器形点评

    此椅靠背高板高拱，边角为圆润的委角，上部镶嵌雕云龙纹嵌板。靠背边框与两侧扶手均攒拐子纹。座面光素，下有束腰。四腿为方材，直下，足端雕成内翻马蹄足。四腿下段安四面平管脚枨。

2. CAD 图示

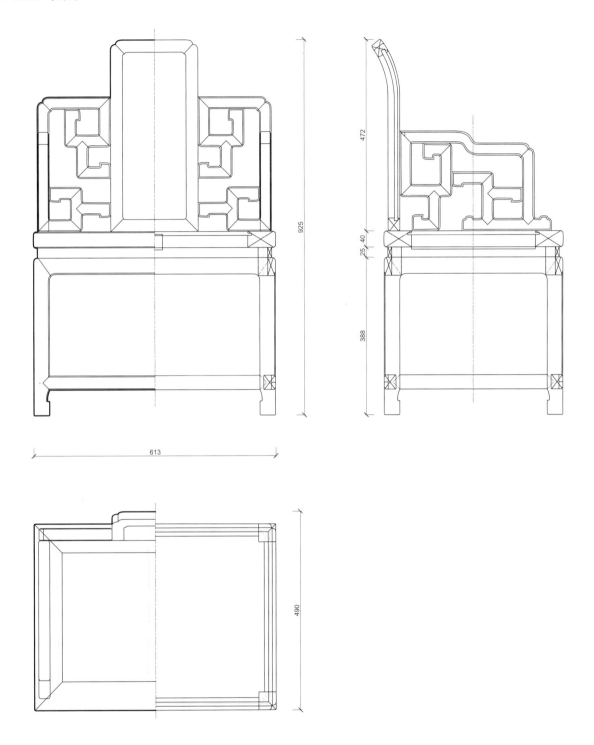

三视结构（CAD 图 1）

注：视图中部分纹饰略去。

3. 用材效果

用材效果（材质：紫檀；效果图 2）

用材效果（材质：黄花梨；效果图 3）

用材效果（材质：红酸枝；效果图 4）

4. 结构爆炸

结构爆炸（效果图 5）

5. 部件示意

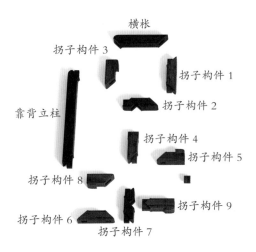

横枨

拐子构件 3

拐子构件 1

拐子构件 2

靠背立柱

拐子构件 4

拐子构件 5

拐子构件 8

拐子构件 9

拐子构件 6

拐子构件 7

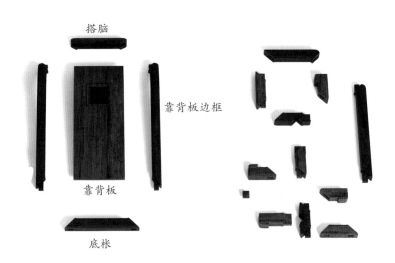

搭脑

靠背板边框

靠背板

底枨

部件示意—靠背围子（效果图 6）

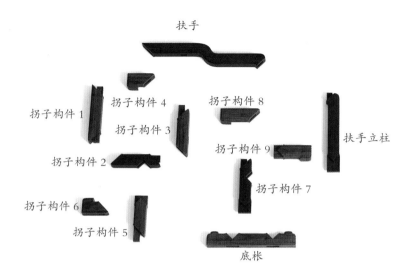

扶手

拐子构件 1　　拐子构件 4　　拐子构件 8

拐子构件 3

拐子构件 2

拐子构件 9　　扶手立柱

拐子构件 7

拐子构件 6

拐子构件 5

底枨

部件示意—扶手围子（效果图 7）

245

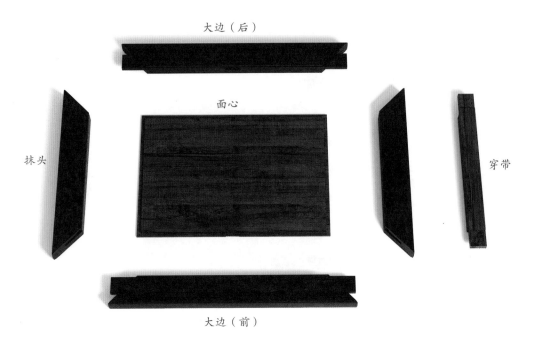

大边（后）

面心

抹头

穿带

大边（前）

部件示意—座面（效果图8）

束腰（侧）

束腰（正）

部件示意—束腰（效果图9）

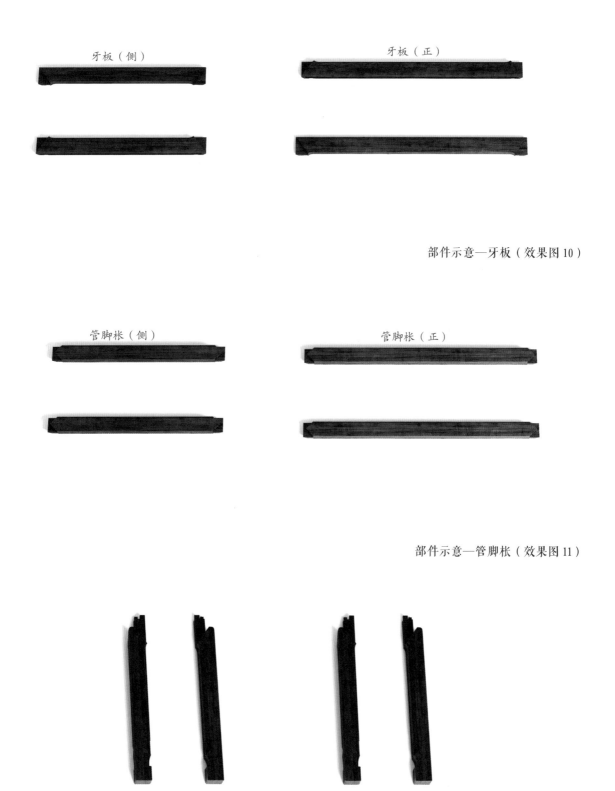

牙板（侧）　　　　　　　　　　　　牙板（正）

部件示意—牙板（效果图 10）

管脚枨（侧）　　　　　　　　　　　管脚枨（正）

部件示意—管脚枨（效果图 11）

部件示意—腿子（效果图 12）

6. 细部详解

细部效果—靠背围子（效果图 13）

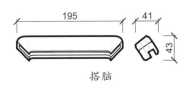

搭脑

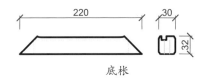

底枨

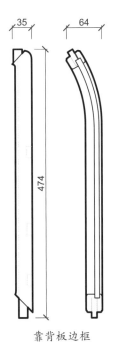

靠背板边框

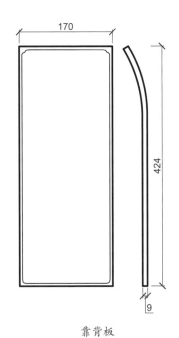

靠背板

靠背立柱

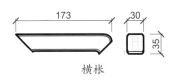

横枨

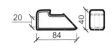

拐子构件 5

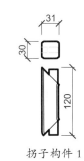

拐子构件 1

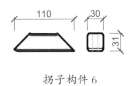

拐子构件 6

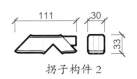

拐子构件 2

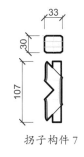

拐子构件 7

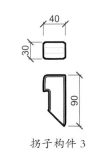

拐子构件 3

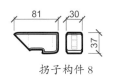

拐子构件 8

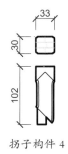

拐子构件 4

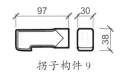

拐子构件 9

细部结构—靠背围子（CAD 图 2 ~ 图 16）

细部效果—扶手围子（效果图 14）

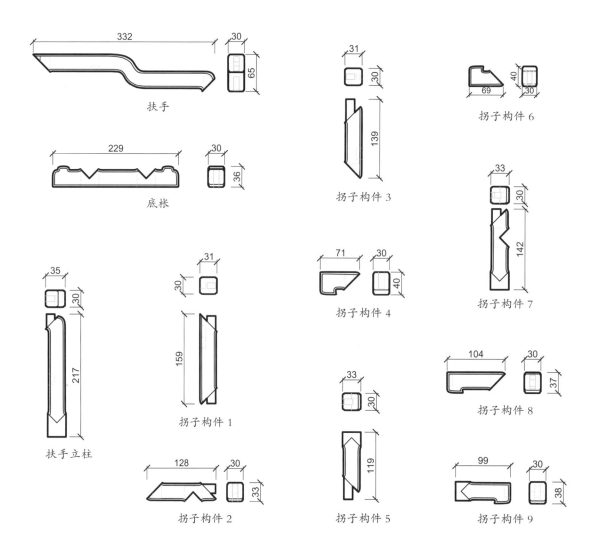

扶手

底枨

扶手立柱

拐子构件 1

拐子构件 2

拐子构件 3

拐子构件 4

拐子构件 5

拐子构件 6

拐子构件 7

拐子构件 8

拐子构件 9

细部结构—扶手围子（CAD 图 17 ~ 图 28）

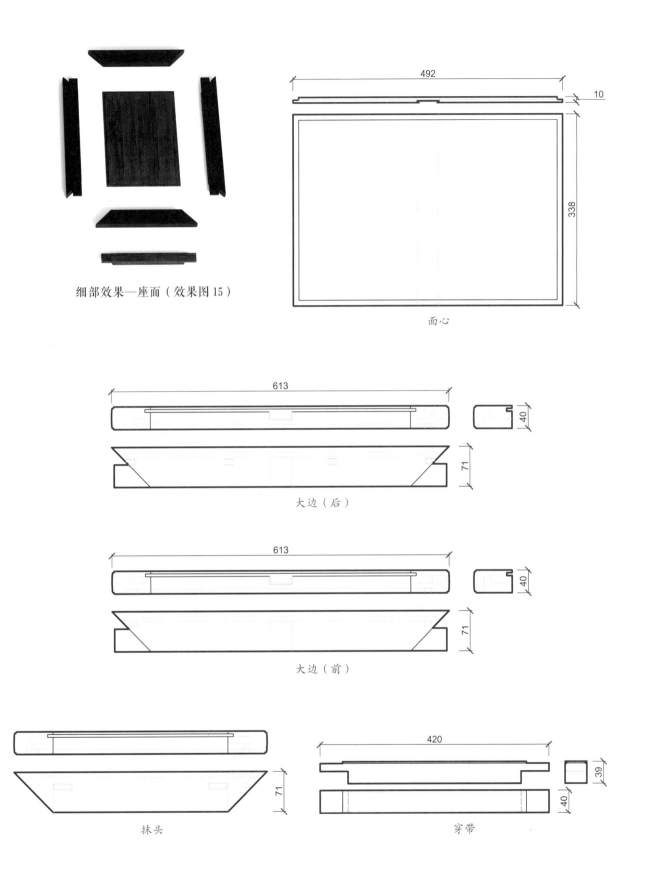

细部效果—座面（效果图 15）

面心

大边（后）

大边（前）

抹头

穿带

细部结构—座面（CAD 图 29 ~ 图 33）

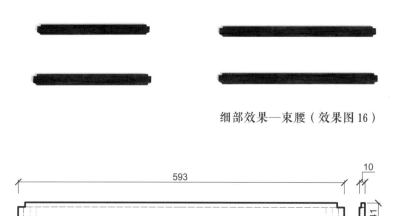

细部效果—束腰（效果图 16）

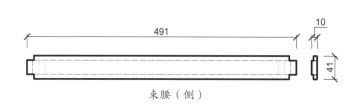

束腰（正）

束腰（侧）

细部结构—束腰（CAD 图 34 ～ 图 35）

细部效果—牙板（效果图 17）

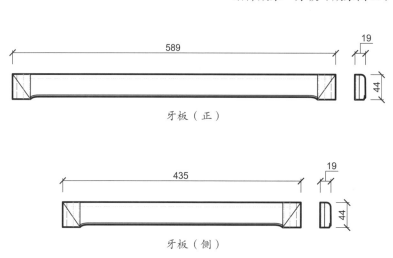

牙板（正）

牙板（侧）

细部结构—牙板（CAD 图 36 ～ 图 37）

细部效果—管脚枨（效果图 18）

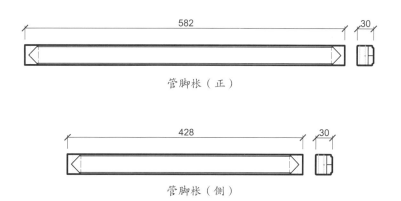

582
30

管脚枨（正）

428
30

管脚枨（侧）

细部结构—管脚枨（CAD 图 38 ~ 图 39）

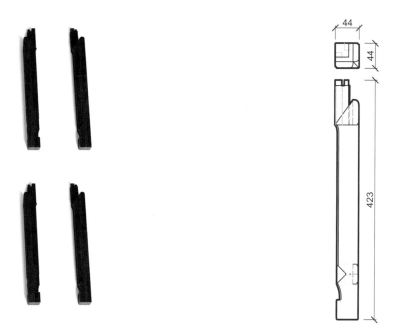

44
44
423

细部效果—腿子（效果图 19）

细部结构—腿子（CAD 图 40）

寿字纹卷书式搭脑扶手椅

材质：黄花梨

年款：清

整体外观（效果图1）

1. 器形点评

　　此椅靠背搭脑做成卷书式，靠背板上端方形开光内浮雕寿字纹。靠背板两侧的边框以透空攒拐子纹做成，而边框的攒拐子纹下方又有一根横枨相连，靠背板正好落在横枨之上，可谓匠心巧做。两边的扶手亦以透空攒拐子纹手法做成。椅盘光素平直，下有束腰，束腰下方的牙子上浮雕卷云纹。四腿为方材，直落地面，足端雕内翻回纹马蹄，四腿下端装管脚枨。此椅以卷书纹、攒拐子纹做雕饰，造型规整，稳重大方，是一件标准的清式风格坐具。

2. CAD 图示

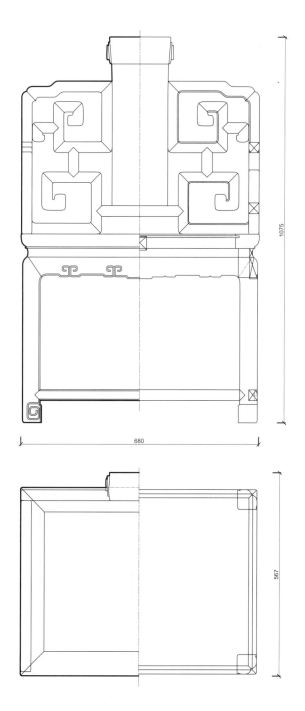

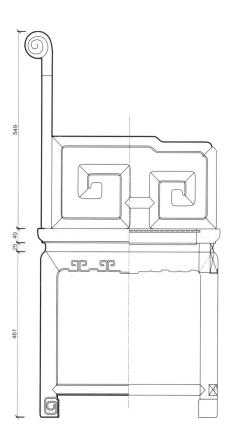

三视结构（CAD 图 1）

注：视图中部分纹饰略去。

3. 用材效果

用材效果（材质：紫檀；效果图 2）

用材效果（材质：黄花梨；效果图 3）

用材效果（材质：红酸枝；效果图 4）

256

4. 结构爆炸

结构爆炸（效果图 5）

5. 部件示意

拐子构件 1
拐子构件 5
拐子构件 6
拐子构件 7
靠背立柱
拐子构件 8
拐子构件 4
拐子构件 2
拐子构件 9
拐子构件 3
拐子构件 10
拐子构件 13
拐子构件 11
拐子构件 14
拐子构件 12

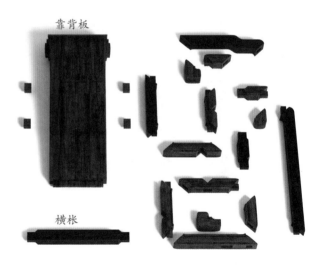

靠背板
横枨

部件示意—靠背围子（效果图 6）

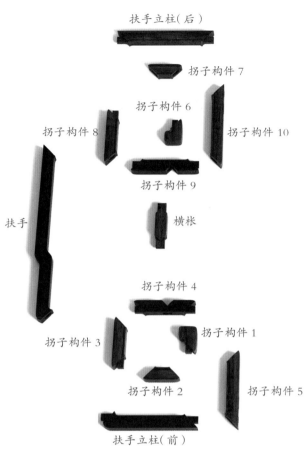

扶手立柱(后)

拐子构件 7

拐子构件 6

拐子构件 8

拐子构件 10

扶手

拐子构件 9

横枨

拐子构件 4

拐子构件 3

拐子构件 1

拐子构件 2

拐子构件 5

扶手立柱(前)

部件示意—扶手围子（效果图 7）

259

大边（前）

穿带

抹头

面心

大边（后）

部件示意—座面（效果图 8）

束腰（正）

束腰（侧）

部件示意—束腰（效果图 9）

260

牙板（正）　　　　　　　　　牙板（侧）

部件示意—牙板（效果图 10）

部件示意—腿子（效果图 11）

管脚枨（正）　　　　　　　　管脚枨（侧）

部件示意—管脚枨（效果图 12）

6. 细部详解

细部效果—靠背围子（效果图 13）

靠背立柱

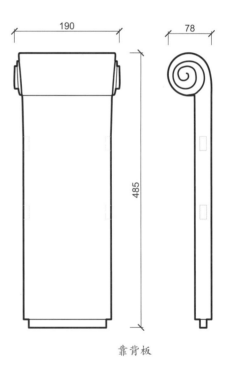

靠背板

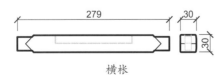

横枨

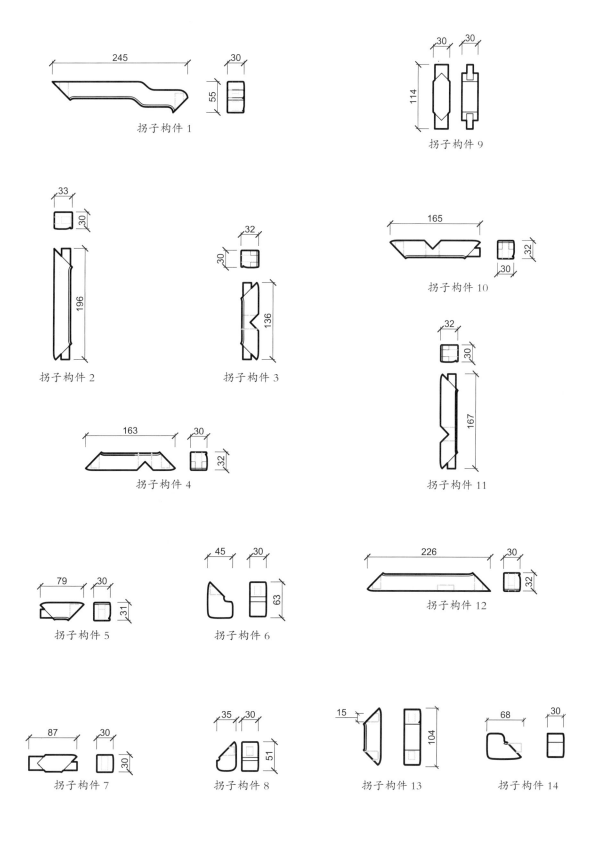

拐子构件 1

拐子构件 9

拐子构件 2

拐子构件 3

拐子构件 10

拐子构件 4

拐子构件 11

拐子构件 5

拐子构件 6

拐子构件 12

拐子构件 7

拐子构件 8

拐子构件 13

拐子构件 14

细部结构—靠背围子（CAD 图 2 ～图 18）

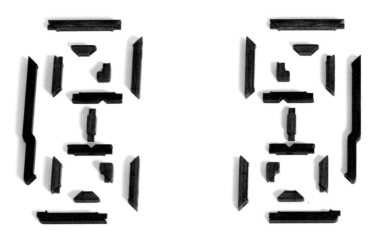

细部效果—扶手围子（效果图14）

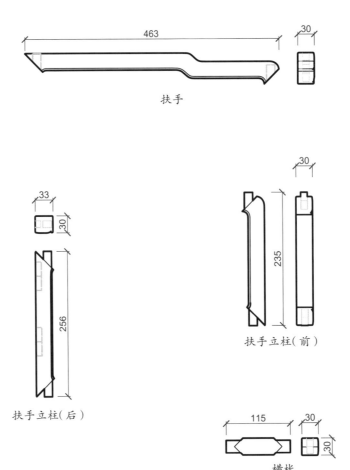

扶手

扶手立柱(后)

扶手立柱(前)

横枨

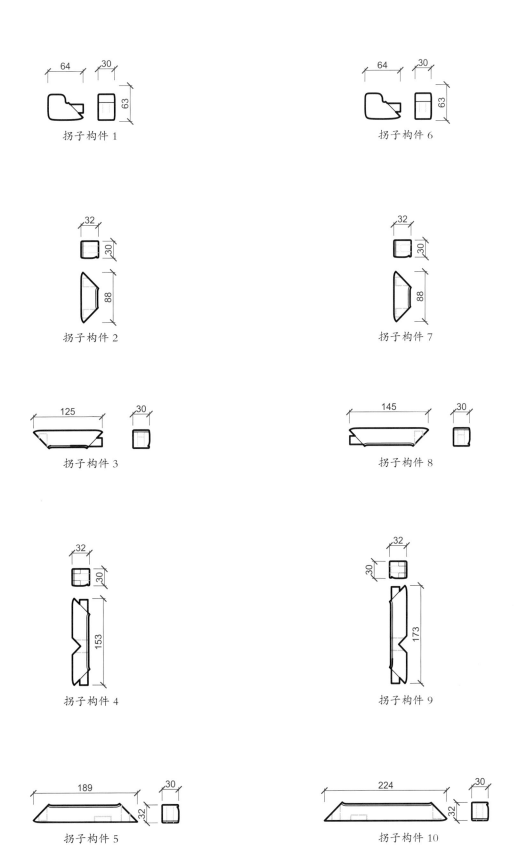

拐子构件 1

拐子构件 6

拐子构件 2

拐子构件 7

拐子构件 3

拐子构件 8

拐子构件 4

拐子构件 9

拐子构件 5

拐子构件 10

细部结构—扶手围子（CAD 图 19 ～ 图 32）

细部效果—座面（效果图 15）

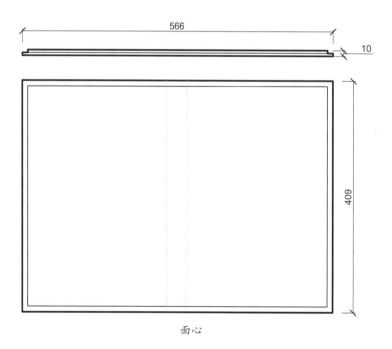

566

10

409

面心

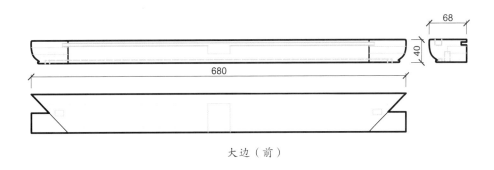

大边（前）

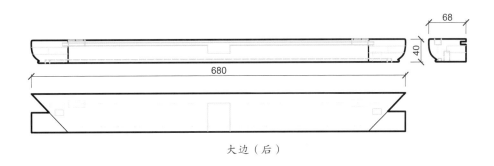

大边（后）

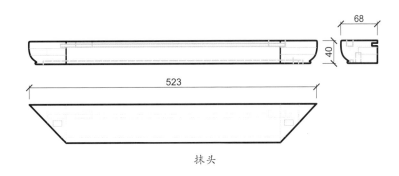

抹头

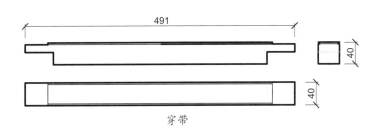

穿带

细部结构—座面（CAD 图 33 ~ 图 37）

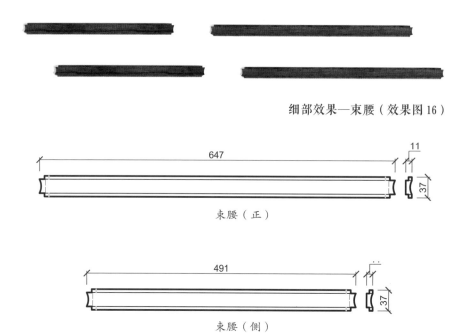

细部效果—束腰（效果图 16）

束腰（正）

束腰（侧）

细部结构—束腰（CAD 图 38 ~ 图 39）

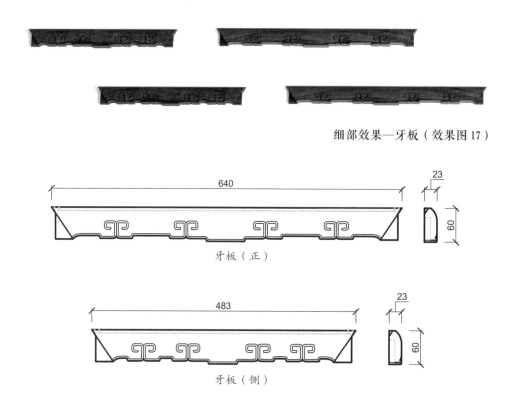

细部效果—牙板（效果图 17）

牙板（正）

牙板（侧）

细部结构—牙板（CAD 图 40 ~ 图 41）

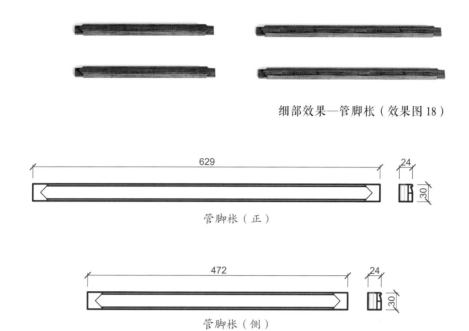

细部效果—管脚枨（效果图 18）

管脚枨（正）

629

24

30

472

24

30

管脚枨（侧）

细部结构—管脚枨（CAD 图 42 ~ 图 43）

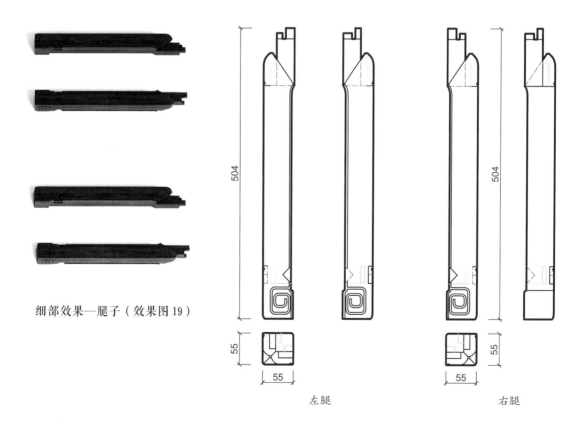

细部效果—腿子（效果图 19）

504

504

55

55

55

55

左腿

右腿

细部结构—腿子（CAD 图 44 ~ 图 45）

图版索引